阅读本书时，你很可能也会产生冲动，想用自然笔记的方式，随手记录些什么。那好，找支笔，就在这一页，开始创作吧。没带笔？用植物的汁液涂抹也成。来吧，让我们一起为大自然做笔记！

开启奇妙的自然探索之旅

（全新增订版）

自然笔记

开启奇妙的自然探索之旅

芮东莉 ——— 著·绘

湖南科学技术出版社　博集天卷
CS-BOOKY

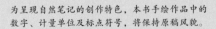

再版前言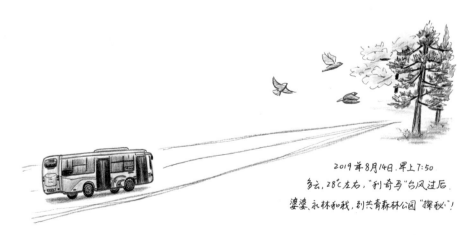

  8月台风刚走，婆婆、永林和我，就乘102路公交车赶往共青森林公园。几日不见，又遇暴风骤雨，园里的大树都还好吧？树杈上的乌鸫巢是否安在？大雨过后，林下地面一准改变了模样，这次，又有什么新鲜事物等着我们去发现？

  一进门，哎呀，那位叫"利奇马"的台风客人脾气可真大，不仅折断树枝，将它们丢得到处都是，还推倒好几棵高大的雪松。灰喜鹊们的窝也跟着遭了殃，被这怪客摔落地面，残破得不成样子。树林下的洼地积满了水，我们的鞋袜整个儿湿透了。落叶丛中，我忽然有了欣喜的发现：野蘑菇们仿佛被怪客从睡梦中惊醒，纷纷探出头来。于是乎，婆婆忙着拍照，永林忙着"寻宝"，我则忙着记录。

  共青森林公园虽然面积不小，但毕竟是城中绿地，和我之前记录了七八年的闸北公园一样，鲜有什么珍稀物种。但在我和家人眼里，它却总如万花筒一般，时时刻刻都在发生着变化，带给我们无穷惊喜。当然，事情并非一开始就如此，一切，源于我们和自然笔记的相遇。

  自然笔记就像拨开大自然神秘面纱的一根小木棒，拥有了它，我们得以窥见曾经视而不见的天地造化和自然神奇；自然笔记又像一台寂静的孵化器，日复一日，孵化出我和家人新的日常生态，让原本紧张焦虑的我，重拾内心的安宁与欢乐。

  不过，自然笔记的价值和意义绝不局限于此，在不同的人身上，它施展着不同的魔法，打开着不同的人生境地。有时，它为孩子们开启一扇扇触摸科学嫩枝的门窗；

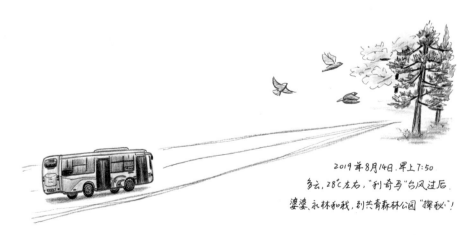

2019年8月14日，早上7:50
多云，28℃左右，"利奇马"台风过后，
婆婆、永林和我，到共青森林公园"探秘"！

有时，它为人们点燃一簇簇激发灵感的火苗；有时，它给孤单落寞的老人带来心灵的慰藉和生命的光彩……因此，亲身经历自然笔记在中国的兴起，真的是一件让人精神振奋的事情。

但与此同时，我也会感到种种不安。比如说，近几年来，国内有不少城市开始"轰轰烈烈"地举办自然笔记大赛，跟大多数赛事一样，他们也为自然笔记创作设立了不同等级的奖项，或者说，为自然笔记设定了"社会等级制"。

可是，什么样的自然笔记算是高等的？什么样的算是次等的？什么样的连入围资格都没有？我想，这种对自然笔记进行硬性等级划分的做法，从根子上就有问题。自然笔记的初衷，原本在于引领人们去亲近自然，感受发现的快乐，领悟生命的真谛。它不拘形式，不限主题，不唯技术，不唯美，向所有人、所有生态敞开，因此不像科技比赛或艺术竞赛那样有量化标准。最糟糕的是，无孔不入的竞争意识是对人类生命本身的黑暗涂抹，它与自然笔记可谓大相径庭。

灰喜鹊巢　直径约35cm

吹落的香樟果

长在朽木上林下地面满是蘑菇

从土里冒出来。

地面的池杉果球，松脂芬芳，永林叫它们—森林之星！

4cm

被台风摧倒的雪松巨人，树高约15米，树龄35岁左右。这些被移植的大树根非常浅，难怪抵挡不住台风的力量。

壁虎蛋壳，格外厚　14mm

小壁虎右约6.9cm

从林地里拾得的壁虎卵，误当作刺猬茧收藏在盒子里。9月3日去看，居然孵出了小壁虎。半透明，半个月里几乎没吃东西，却长大了，依然活跃。我和永林赶紧拿到小区绿化带放生。

为了在比赛中胜出，如今，自然笔记创作也已出现了造假行为。许多参赛者在压根不曾亲近自然的情况下，对着别人的作品进行抄袭，或是照着网上的照片描画。由于比赛的误导，那些未获奖的参赛者，很可能会失去继续亲近自然、记录自然的兴趣和热情。因为比赛，人们尝试着把图画得更漂亮，把文字写得更华丽，这表面上是在推动自然笔记朝着"更高水准"迈进，实际上却在无形中增加了记录者的负担，不合理地设置自然笔记的门槛，从而给更广大的自然笔记创作者制造了障碍。而且，特别令人忧心的是，许多为比赛而生的作品，在风格上往往大同小异，失去了自然笔记应有的丰富性、多样性和可能性。

　　不可否认，在自然笔记兴起的初期，全国各地举办的大大小小比赛，也确实起到了积极宣传、鼓动的作用。然而随着自然笔记的广为人知，升级这一形式的时候到了！我们大可以将自然笔记赛事转换为自然笔记集市、自然笔记交流会，以更加公共、绿色的形式，让人们自由自在地认可它、接受它、喜爱它。

　　几年前，正是秉着自然笔记无限开放和多样的理念，我完成了《自然笔记：开启奇妙的自然探索之旅》一书。书中既有我的自然笔记作品，也有与这些作品紧密相连的生命故事，还有我对自然笔记的理解和领悟，在某种意义上，它甚至构成了一个小小的图文生态系统。很高兴你能进入这本书的丛林和旷野中漫步，也希望它能激起你对天地万物和自然笔记更加深入的思考。

　　《自然笔记》出版后，得到了读者的喜爱，现在推出第二版。此次重版，在保留图书原有风貌的基础上，对不够准确的表述进行了修订；从科学性的角度出发，适当重画、补画了部分图稿；增加了较多篇幅，分享最近几年中我们一些有意思的经历，以及对自然笔记的一些新的认知和思考。

　　从 2009 年记录下我个人的第一篇自然笔记到现在，整整十年过去了。书中有许多早年间记录的图稿与文字，尽管稚拙却无比真诚。对于这些图文，我仅做版式上的调整，对内容基本不做改动，因为唯有初心方显赤子情怀，也因为正是这些稚拙无比的图画和文字，才真正激发起和我一样不谙画技的人们的勇气，满腔激情地、毫无畏惧地记录大自然和我们之间的故事。

芮东莉

2019 年 8 月

自然笔记

目 录 Contents

Part 1 一扇神奇的公园转门

Part 2 古怪的邻居和莽撞的客人

我，大自然学堂三年级学生

尽管在学堂里学习了好几年，但仍然没能升到高年级。这也难怪，学堂里的知识博大精深，要想在短短的几年里拿到毕业证书，那可实在太难了！而且，这里的课程丰富有趣，像我这样一个贪玩的人，打心眼儿里也舍不得毕业。这几年，跟着大自然这位风趣而博学的老师，我边玩边学，收获颇丰。这不，我的玩耍记录和学习笔记越来越厚，我不得不对它们进行多次整理，以便和学堂里的同学交流。噢，对了，这种在大自然里边玩边学的记录方式，大伙儿都习惯称它为"自然笔记"。

婆婆，秀英奶奶

大自然学堂里最高深莫测的学员，谈论起大自然来，有时会把最常见的菊科植物误认作蕨类，然而有时，她却通晓沙地里人们最不知晓的野生植物的习性。婆婆是我们的骄傲，尽管她只上过一年半小学，但大自然老师却格外关照勤奋的她，就在婆婆勇敢地完成第一篇自然笔记的时候，大自然老师便赋予了她对色彩最敏锐的感知能力，于是在婆婆的自然笔记里，就常有鲜活的色彩和童话般的意境。

永林，我的爱人

唉，虽然长我一岁，却也只能算是我的学弟，现在还在大自然幼儿园里没毕业呢。尽管他不善于给大自然做记录，而且在学习上也不太用心，但是大自然老师还是十分偏爱他，每次到户外活动，老师总是把最有趣的小昆虫悄悄放在他身上，有时是一只绿色的大螳螂，有时则是一只浑身漆黑的甲壳虫。每次看到他身上爬着的漂亮小虫，我都忍不住乐上一番，后面的笔记对此将有详细记录。

Part 1
一扇神奇的公园转门

　　千万别告诉我，家门口的公园你已经玩腻了，里面再没有
什么新鲜事物能引起你的注意。

　　还记得宫崎骏的电影《哈尔的移动城堡》吗？里面有扇神
奇的转门，将机关旋转到不同角度，打开的世界就截然不同。
其实，公园里也有一扇奇妙的转门，只不过，打开它的机关不
是别的，而是你的眼睛和心灵。换个角度观察万物，你会发现
一个崭新的世界。还等什么，现在就和我一起去旋开那扇神奇
的公园之门吧！临行前，别忘了带上你的纸和笔，大自然老师
正站在门里准备迎接她的新学生哩。

大柳树上的神秘集会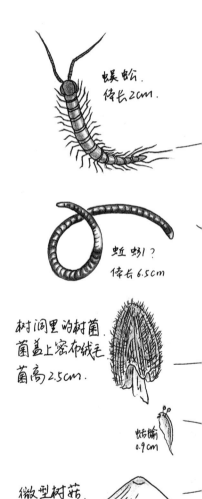

雨后的公园里，空气中弥漫着淡淡的腐叶气息，游人三三两两，无心在湿漉漉的林间小径上停留，不过嘛，我是个例外。

眼前的大柳树简直让我着了迷。但让我着迷的不是它碧绿的枝叶，也不是它柔曲的线条，嘻，此刻我才顾不上这些呢，瞧呀，树上开起了神秘派对，许多奇奇怪怪的小生灵，挤满了皱巴巴的柳树皮。

尽管在我的眼里，老树皮粗糙得如鳄鱼皮一般，可是对蜗牛和蛞蝓（kuò yú）来说，却已经像打了蜡的高速公路，因为树皮被雨水一浸，变得湿润而"光滑"。于是，趁着这难得的好路况，它们在树皮上"疾速飞奔"，圆形的、锥形的，大大小小的蜗牛在树皮上爬得到处都是，甚至在某个凹陷处出现了"交通堵塞"。哎呀，用得着这样着急吗?！一旦有了雨水作润滑剂，蛞蝓就用不着分泌黏糊糊、鼻涕一样的液体来帮助爬行了，所以也只有在这个时候，我才会忘记它那个听起来让人不怎么舒服的名字——"鼻涕虫"。

披着一件深灰色软壳外套的球鼠妇，也趁着雨后的好天气在树干上四处溜达。"球鼠妇"这个名字听起来有些生僻，如果叫它"西瓜虫"，你就一定不会陌生了。说实话，平时我也只在潮湿的石缝中、落叶

蜈蚣
体长2cm.

蚯蚓？
体长6.5cm

树洞里的树菌
菌盖上密布绒毛
菌高2.5cm.

蛞蝓
0.9cm

微型树菇
伞盖洁白、薄
菌盖直径5mm

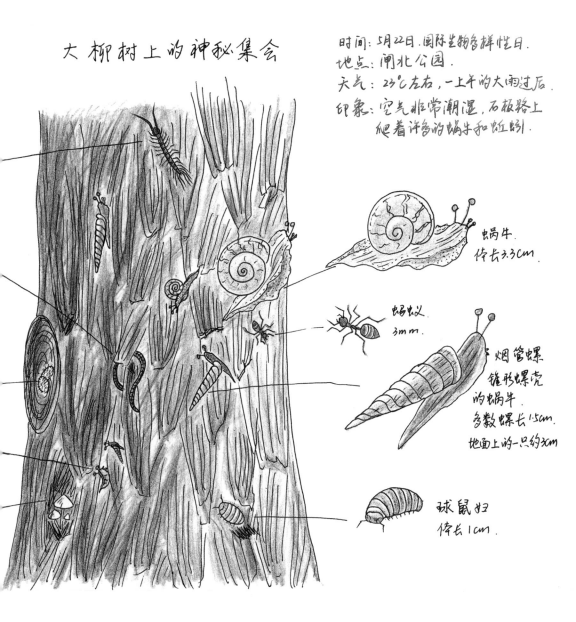

大柳树上的神秘集会

蜗牛.
体长3.3cm

蚂蚁.
3mm.

烟管螺
锥形螺壳
的蜗牛.
多数螺长1.5cm.
地面上的一只约3cm

球鼠妇
体长1cm.

一扇神奇的公园转门　003

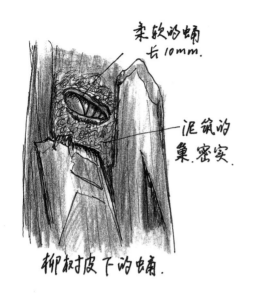

柔软的蛹
长 10mm.

泥筑的
巢.密实.

柳树皮下的蛹.

到了秋冬时节，大柳树上又迎来了另一位神秘客，这个躲在蛹里的家伙到底是谁呢？

下见过这些害羞的小家伙，在树干上，我还是第一次见到。应该是雨后的潮湿空气让它们变得呼吸顺畅，于是也敢到平时不去的地方探险了吧。鼠妇家族的成员可是唯一完全适应了陆地生活的甲壳纲动物，不过，因为它们依旧要像虾和蟹一样靠鳃来呼吸，所以终生只能生活在空气中富含水分的潮湿处。

蚂蚁和蜈蚣是绝对的投机分子，虽然暂时我还没有看到这些机会主义者的"恶劣行径"，但也猜到了七八分。瞧瞧蜈蚣那凶狠的模样，树皮上的软体动物可要当心了，否则一不留神，哪只蜗牛或蛞蝓就要成为它的"盘中餐"。蚂蚁在树皮上四处跑动，这位"侦察员"一定是在寻找最容易下手的目标，一旦目标确定，它可就要回去搬援军了。看来，软体动物们还得再加快点儿步伐才行呢！当然，蜗牛和蛞蝓急急忙忙地赶路也绝不只是为了逃命，鲜嫩的树叶和小草，还有树洞里刚冒出头来的小蘑菇，正等着它们去大快朵颐呢。

如果在地上看见一条蠕动的"长虫"，我是根本用不着怀疑它的身份的，现在我却犯了愁，难道蚯蚓也会上树？粗糙的柳树皮下分明夹着一条扭动身躯的褐色蚯蚓，难道它长了脚自己爬了上来？一开始我简直一头雾水，但是，站在树下静静观察了一会儿之后，我渐渐有了头绪。大柳树下有一个小池塘，池岸裸露的地面是乌鸫（dōng）经常光顾的餐桌，而那张餐桌上，乌鸫的食物基本上只有一种——蚯蚓。我好几次看到雨后的池塘边，乌鸫在和蚯蚓"拔河"，赢家嘛，估计你也猜着了，几乎次次是那个长着翅膀的尖嘴家伙。此刻，一只乌鸫正在不远

白星花金龟

指角蝇

蛱蝶

受伤的柳树，发酵的树汁吸引了昆虫。

炎热的午后，柳树干上，天牛幼虫蛀蚀的树洞里流出浓稠的树汁。树汁发了酵，在空气中散发着微酸的气息。别小瞧了这酸不拉叽的发酵液体，它可是许多昆虫的美味佳肴。这不，蝴蝶、金龟子还有指角蝇都赶了来，旁若无人地大吃大喝

处婉转而嘹亮地歌唱，我猜，必定是哪只"漏嘴巴"，不小心把叼着的蚯蚓"漏"了下来，正巧卡在了树皮里。小蚯蚓在树皮的缝隙中钻来钻去，却怎么也挣不脱这些厚实而坚硬的"枷锁"。

　　瞧呀，今天我旋动这扇神奇的公园转门，用心去发现，便看到了大柳树上一个无比奇妙的生命世界。不过，我的记性可没好到过目不忘的地步，为了以后能回忆起这幕情景，我决定把它当场记录下来，做成一篇自然笔记。这么做还有个好处，回家后我就可以把笔记展示给永林和婆婆看，一起分享我的有趣经历了。

2011年3月11日 下午 闸北公园池塘边
晴,有风. 8℃~16℃.

潮湿的草地上,
乌鸫在和蚯蚓
"拔河".

蚯蚓粪
直径约4cm

公园潮湿的草地或泥地
上,常常能够看到乌鸫
和蚯蚓"拔河"的场面

原来是只育雏的
乌鸫妈妈!
嘴里不一会儿
就啄满了蚯
蚓,仿佛
腊肠一般.

想追踪乌鸫妈妈窥探它们
的巢穴,却是自不量力,乌鸫妈
妈振振翅膀,就飞得不见了踪
影,只留下灰蓝色的天空.

　　什么是自然笔记?自然笔记到底"记"什么?我猜,你差不多
已经知道答案了。没错,自然笔记就是给大自然写日记,而采用的
方式,主要有图画和文字两种。所记录的对象,可以是:

○ 大自然中,给我们留下印象最深刻的某个或某些生物;

○ 生物与生物,或生物与环境之间的关系;

○ 我们与大自然之间发生的难忘故事;

○ 一切你认为值得记录的自然事物或相关感受。

小种子传播的大学问

到户外走走，大自然老师总会教给我许多新的知识。这次，我和朋友文艳旋开公园里的那扇神奇转门，又发现了一个有趣的生命现象：原来，小种子的传播也有大学问！

最富动感的传播方式——发射"炮弹"

11月初的一天，我和文艳到闸北公园做自然笔记。虽然前一天刚下过雨，空气潮湿得连鱼儿也可以在空中畅游，但这丝毫没有影响到黄花酢（cù）浆草种子的传播。文艳是个对植物不太了解的人，于是，我准备给她来个恶作剧。我让文艳用手指去捏一枚成熟的酢浆草的果实，她心想，不就是捏一捏吗，能有什么大不了，因此并没有在意。于是，怪有趣的一幕发生了，文艳捏住果实后大叫起来："哎呀！弹得还挺疼的呢。"原来，酢浆草的种子在受到外力的挤压后从果皮里迸射出来，弹在了文艳的手指肚上。这些小种子轻轻一跳，就可以跑出十几厘米远，实在是群淘气鬼。而正是通过这种方式，酢浆草把种子传播到了周边的地方。

和酢浆草一样，紫苏种子的传播也极富动感。紫苏的花萼里长着细细的柔毛，平时，种子就夹在这些柔毛之间。当花萼受到外力作用时，柔毛极速收缩并伸展，种子就像炮弹一样被弹了出去。我家阳台上的一盆紫苏种子成熟了，给它浇水时，当我们一不小心触碰到它的花萼，就会被它的炮弹击中，非常好玩。瞧吧，甚至都不必去公园，也许家里就有这样一扇神奇的转门！

紫苏的种子.

最远可弹射40cm.
轻轻触碰便引发
弹射,同时有气味散出.

长有细柔毛,
能把种子弹
射出去.

1个花托里有3枚种子.

种子形状略呈圆形.
← 2mm →
麻雀常来捡食.

粗毛牛膝的种子

蒴果沿轴
倒生.便于
钩挂.

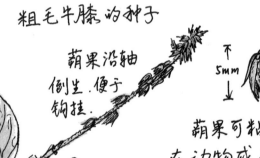

↑
5mm
↓

↑
4mm
↓

蒴果可粘挂
在动物或人身
上传播种子.
种子藏在宿萼里.

2枚苞片
硬而坚挺,
前端有微
齿,便于钩挂.

种子外有薄翅
状果皮,可
迎风飞起.

鸡爪槭的种子

种子泡

时间:2011年
天气:阴转
地点:闸北
空气潮湿极

黄色酢浆草种子

果实六棱.
每一棱均可迸裂.
含数枚种子.

← 1.5mm →

种子卵圆形.
种皮外有横纹.
容易粘附在物表.

弹射距离
约10cm.

种皮迸裂自然弹出. 或受挤压迸裂弹出.

金银木的种子

← 8mm →

果实多汁.
味苦. 却是鸟儿
的美食.

← 4mm →

紫果内含6枚种子.
种子扁圆形. 种皮较厚.

鸟粪里的种子

叶子上
鸟粪里的
两枚种子.

← 2mm →

种皮厚实
难消化.

传播

11月5日

小雨. 19℃~24℃

公园(紫苏在家里)

了, 盼望日出.

↑
1.5mm
↓

果实上
有细密的冠毛.
迎风而飞.

黄鹌菜的种子

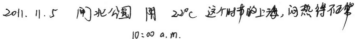

2011.11.5 闸北公园 阴 22℃ 这个时节的上海,闷热得非常
10:00 a.m.

cù
酢浆草

被我解剖的酢浆草
成熟的酢浆草一捏,
"嘣"一下,出来好多种子

乱石丛中,一朵红色牵牛花
有白色花边呢

山麻杆叶子开始变黄了,
秋天到了
枫香也红了,那分狼香也变色了

山麻杆,互生的,枝条有互错开生长

酢浆草
丛中的一头蜗牛
潮湿的天气,蜗牛多

朋友郁文艳第一次跟我到公园里做自然笔记,酢浆草调皮的种子深深吸引了她。不过,她可是个粗心的家伙,瞧,哪有长着这么多四枚小叶的酢浆草!通常情况下,酢浆草的掌状复叶都只有三枚小叶,偶尔长着四枚的,被人们称作"幸运草"

　　国庆假日，我去昆明探望父母。秋高气爽的日子里，家人一起爬山游玩。谁知刚爬到一半，我们就不得不停下脚步，去收拾裤腿上和袜子上那些恼人的小家伙。原来，不知什么时候，衣袜上已经挂满了"偷渡客"！鬼针草的果实前端像一柄钢叉，当我们从它身边走过的时候，它就用叉子叉进我们的衣袜，扎得皮肤痒痒的。这个小家伙处理起来还算容易，可是，一种叫倒提壶的小草的果实却让我们吃尽了苦头。别看它小，粘起人来可毫不含糊，每枚果实的外表皮都长满细小的倒钩，钩挂在袜子和鞋上怎么也扯不干净。最后，失去耐心的我们只好任由它们粘附在身上，有一些居然跟着我回到了上海。

鬼针草.
果实顶端长着
"叉子",见人就"叉"！

2011年10月4日. 阴转多云, 17℃.
昆明妙高寺山上到处都有扎人的、
黏人的植物, 令人印象深刻.

倒提壶.
蓝色的小碎花点缀在山野间.
梦幻而迷人. 小果实却极黏人.
长满倒钩, 挂了人一身.

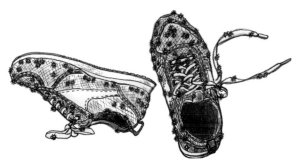

回到家, 我的鞋袜极为"壮观",
挂满了"小刺猬"！

倒提壶的果实
每个果实约长3mm.

花萼上聚生着4枚果实.
很容易脱落, 像4只
小刺猬.

在闸北公园，我也遇到了这类爱搭便车的种子，它们就躲在那些长有小钩刺的果实里。粗毛牛膝的果实总是沿着花轴倒生，而果实外的苞片就像钢针一样坚挺。这样的结构可以帮助它们很容易地挂在动物和人的身上，传播到很远很远的地方。谁说"偷懒"没有好处呢！

最有耐力的传播方式——在肠胃里旅行

冬天，公园里的乌桕树吸引了成群的黑尾蜡嘴雀。蜡嘴雀的嘴又大又厚，吃起乌桕坚硬的果实来再合适不过了。有的鸟儿吃相粗犷，张大嘴巴将乌桕种子一口一个囫囵吞下；而有的鸟儿却是"挑食鬼"，只对种子外包裹的厚厚白蜡层感兴趣，因为这层蜡质假种皮富含油脂，可以为鸟儿提供野外生存所需的高热量营养物质。（白蜡层里包裹的种子有毒，人不可食用。）我拾起掉在地上的种子细看，但凡是从"挑食鬼"嘴里掉下来的，白蜡层都被啄食得"伤痕累累"，留下斧琢刀刻一般的痕迹。

那些被囫囵吞进鸟肚子里的种子，接下来便开始了一段有趣的旅行，这时候，白蜡层的作用就显现出来了。在鸟儿们的肠胃里，乌桕种子有了白蜡层和厚实外种皮的保护，可以避免被消化掉。当鸟儿带着它们飞行了很远的距离后，小种子在鸟儿的肠胃里完成了旅行，随着粪便一起排出，然后在新的家园生根发芽。

上次，我在公园里的棕榈树叶上，找到一团有趣的鸟粪，里面藏着两枚完好的金银木种子。仔细观察后我发现，这两粒种子之所以没有被消化，也是因为它们有着坚硬的外种皮。

由此可见，并非所有的种子都可以潇洒地在动物的肠胃里旅行，要是没有坚实的种皮，小种子们就只好等着被消化，变成动物食客们成长所需的营养物质了。

乌桕的种子

蜡质层
木质内种皮

鸟雀的啄痕
如刀刻一般.

乳白色的种仁
味甘.富含油脂

黑尾蜡嘴雀
啄食闸北公园一株乌桕的果实.

雄鸟
体长20余厘米.

翅上白缘
胁下鲜亮的棕红色

黑色果皮,
干硬易脱落

雌鸟
胁下棕红
色不突出

乌桕的果实

地点：闸北公园
时间：2011年1月8日11:30.
　　　二九的最后一天.
天气：多云. 0℃~6℃.
　　　池塘的冰已消融.

乌桕树上
的黑尾蜡嘴雀
9只,2只雌雀.

蜡嘴雀啄食时发出呢喃细语,
惊飞时是"ge-ge-ge"的低促尖叫.

最浪漫的传播方式——凌风飞翔

只要有风，撑一把小伞，它们就能把自己送到很远很远的地方，这是许多菊科植物传播种子的方法。11月初的那天，文艳跟我说，嘿，天气这么潮湿，蒲公英的果实也早被风吹光了，哪里还能找到会飞的种子呀？我乐了，指着脚边那些极不起眼的开着小黄花的植物说："黄鹌菜呀！它的果实和蒲公英一样会飞呢。"文艳蹲下身子，

夏天鸡爪槭果实的两翅紧密相连，两枚小种子也挨在一起。

秋天两翅分离，种子也分开，果翅变干变薄，准备起飞了！

果然找到了那些撑着小伞的、被风一吹就将飘散的果实，而种子就藏在这些长着冠毛的果皮里，它们同样也热爱飞翔。黄鹌菜果实的个头比蒲公英的小多了，长度不足2毫米，冠毛也更加短小，但是，这一点儿也不影响它们的飞翔，虽然空气潮湿，我轻轻一吹，撑开小伞的"飞行家们"便起航了。

"不只有撑伞的果实会飞，那些长翅膀的也很会飞呢！"我补充道。文艳很诧异，还有长翅膀的果实吗？于是，我找来了鸡爪槭的果实，每一枚都长有又薄又宽的翅状果皮，这就是它们的"翅膀"。虽然这些长翅膀的果实并不如撑伞的旅行家们身体轻盈，但有风的时候，它们一样可以飞得很远。我扬手把鸡爪槭的果实高高抛起，它们乘着风，在空中翻转向前，文艳高兴地大叫："好浪漫呀！"

说实话，之所以能有这么多的新发现，很大程度上要归功于"自然笔记"。如果不是拿起笔来仔细观察和记录，我可能也会像许许多多逛公园的人一样，根本不去理会那些看上去毫不起眼的果实和种子，也就打不开那扇神奇的公园转门了。

平时写生活日记，只需要用文字来记录，而创作自然笔记，却还要采用绘画的方式，这有什么好处吗？我的感受是，画画可以：

○ 让我们快速静下心来，更专注于观察的对象；

○ 帮助我们做更加细致的观察，发现那些被忽视的细节；

○ 给予我们更多的思考时间，以领悟生命的奥妙；

○ 让读者直观、生动地了解我们所记录的事物。

不瞒你说，当我给下面笔记里的大蚊拍照时，我还以为发现了一种新鹿蛾，直到一笔一画把它描绘下来，我才发现，唉，这只不过是一只"大蚊"！因为，像所有鳞翅目昆虫一样，鹿蛾有两对翅膀，而大蚊只有一对，后翅特化成了平衡棒。瞧，拍照与画画就是有这么大的不同！

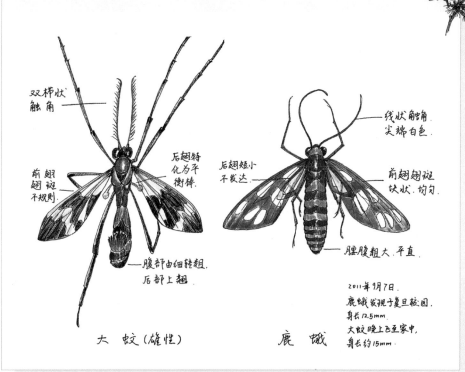

双栉状触角

前翅翅斑不规则

后翅特化为平衡棒

腹部由细转粗，后部上翘

大 蚊 (雄性)

线状触角尖端白色

后翅矮小不发达

前翅翅斑块状，均匀

胸腹粗大，平直

鹿 蛾

2011年9月7日。
鹿蛾发现于复旦校园。
身长12.5mm。
大蚊晚上飞至家中，
身长约15mm。

大自然建筑师们的杰作

每次去公园玩耍，出门前，我都怀揣着一份未被世事折损的好奇与期待：旋开那扇转门，又将步入一个什么样的奇妙世界？有那么几次，我都怀疑自己是不是走进了一座来自大自然的建筑博物馆。这里的展品既丰富又独特，既美观又实用，丝毫不逊色于人类建筑师们的杰作。

选址专家的"任性"作品——鸟巢

在自然界，有些建筑师似乎天生就精通选址技术，它们造房子的时候，绝不肯随随便便，定要挑选最"刁钻古怪"的地方。材料选取方面，有些作品也绝不走寻常路，而是十分"任性"。

在公园里，我见到了许多设计非凡的建筑作品。

冬季的上海，阴雨天格外绵长，好不容易熬到天晴，婆婆、永林和我赶紧背起双肩包，乘公交车奔赴共青森林公园。晒饱阳光，欣赏完戴胜觅食和普通鵟（kuáng）的飞行表演，我们正准备打道回府，刚上一座小桥，河面柳树枝上的一个黑色物体就吸引了我。拿望远镜仔细一瞧，原来是个泥巴做的东西，约莫海碗大小，圆柱形的身体端坐枝丫，顶部边缘平整，要是加上一个盖子的话，简直就是一个陶罐子。最

2018年4月28日，多云
17~26℃ 共青森林公园
莲水亭池塘乌鸫衔泥

雀鹰?

普通鵟
翼下很显著
的圆斑.

一只小型猛禽
不停地追涿驱
赶大个子的
普通鵟!

长满苔藓的乌鸫巢. 生机勃勃.

聪明的乌鸫把巢
建在了水面的柳枝
上. 猫儿是不敢上去
了. 松鼠估计也没
那个胆子吧!

2013年1月16日多云. 1℃~5℃.
上海共青森林公园
婆婆、永林和我 遇见
不一样的冬日……

这个公园里经常看见3只戴胜.
总是看见它们在地面踱,
今天终于看清它们
的食物了!

胖嘟嘟
的娇嘈(金龟子幼虫)

长嘴在
地面插出的小洞

伙食还真不错!
大约两三分钟就能
找到一只吃掉.

不可思议的是，漫长的雨季过后，这泥巴糊的"罐子"非但没解体，反倒生出了一层翠绿的苔藓，在光秃秃的灰色树枝间萌发着蓬勃生机。

还好春天的时候，我已观察过乌鸫做巢，用的建筑材料正是泥巴和草茎的混合物，那时的乌鸫们，一个个都成了泥瓦匠。因此，这个树杈上的"泥罐"，必定是乌鸫巢了。而这巢穴的位置，可谓"奇绝"。它高高坐落于河面之上，人类也好，松鼠、流浪猫也好，无论是谁，想打乌鸫宝宝的坏主意，都得考虑考虑自身的安全。当然喽，要是对建筑作品的牢固性不自信，乌鸫爸妈也绝不敢把家安放在这样的地方。

呵，这下我有点儿明白了，在公园，我经常能捡到其他小鸟从树枝上跌落的窝，却极难捡到乌鸫巢，原因嘛，想必你已猜到了，这泥巴糊的窝实在牢固得很，它们根本就不肯从树上掉下来！

这让我想起几年前，清明节后的一个周末，我和家人到崇明岛东平森林公园游玩，也曾走进过一座蔚为壮观的大自然建筑博物馆。

那是一片林地，高高的树枝上，黑色圆盘形的鸟巢，一个挨着一个，甚至一个累叠在一个的上面。是谁修建了这规模庞大的建筑群？我决心深入林中一探究竟。

林中的落叶和枯草足有半米深，藤蔓在树枝间缠绕，几乎不留一丝空隙，形成一道道牢固的屏障。看来，这个建筑群的主人不容小觑，它们的选址技艺很是高超，地面的天敌想要入侵，必定得大费周章。

婆婆也跟着我，深一脚浅一脚地往林子里钻。"会不会有蛇呀？"她担心地说。我吓得停住脚，过了一会儿，又大着胆子继续向前。永林起初坚决不肯进来，后来见我们越走越远，放心不下，也尾随着钻了进来。枯枝丛中，一堆黑灰色的零乱羽毛吸引了我。羽毛很长，应该来自一只体形较大的鹭科鸟类。唉，真为鸟儿们捏把汗，就算将巢穴营建在这样"刁钻"的地方，也并非百分百安全啊！

拍翅、屈翅，小白鹭从我们头顶优雅地飞过，林中会有它的巢吗？

2011年4月9日
崇明东平森林公园
晴，9℃～19℃。
密林深处，望见
杉树林中数不
清的巨大鸟巢。

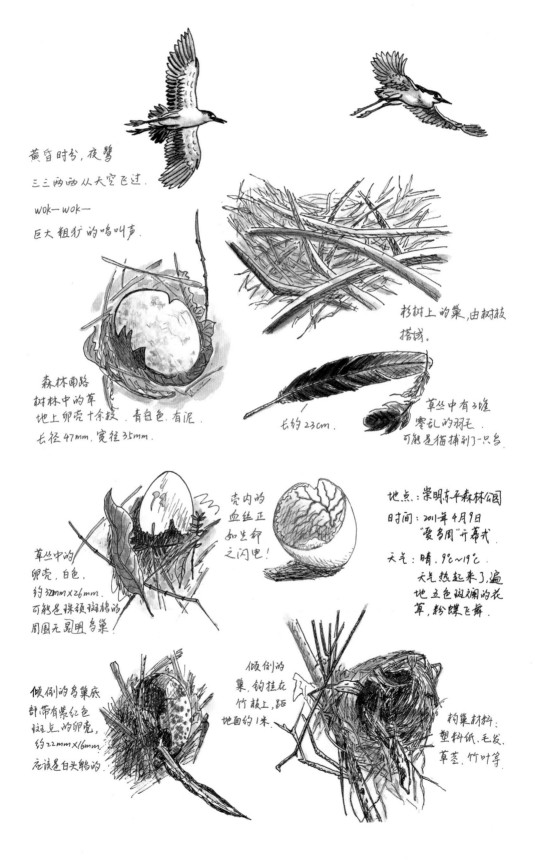

黄昏时分，夜鹭
三三两两从天空飞过.
wok—wok—
巨大粗犷的鸣叫声.

杉树上的巢，由树枝
搭成.

森林南路
树林中的草
地上卵壳十余枚. 青白色. 有泥
长径47mm. 宽径35mm.

长约23cm.

草丛中有3堆
零乱的羽毛.
可能是猫捕到一只鸟.

草丛中的
卵壳，白色，
约32mm×26mm.
可能是珠颈斑鸠的
周围无明显鸟巢.

壳内的
血丝正
如生命
之闪电！

地点：崇明东平森林公园
时间：2011年4月9日
"爱鸟周"开幕式

天气：晴. 9℃~19℃.
天气热起来了，遍
地立色斑斓的花
草，粉蝶飞舞.

倾倒的鸟巢底
部带有紫红色
斑点的卵壳，
约22mm×16mm.
应该是白头鹎的.

倾倒的
巢，钩挂在
竹枝上，距
地面的1米.

构巢材料
：塑料纸，毛发.
草茎，竹叶等.

渐渐地，我们接近了那片壮观的林中建筑群，脚下草丛里，躺着许多青白色的旧蛋壳。我拾起一看便确定，这里正是鹭鸟的家园。为了不去惊扰可能还在营巢的鸟儿，我们停下了脚步，心里默默祝愿它们平安而快乐地生活。

从林子里钻出来，三个人浑身是土，头上还沾着草茎，这副模样，可真够滑稽的。拐入竹林小径，正向前走，永林忽然跑向路边的竹丛。我们赶紧跟过去，原来是一个鸟巢顺着竹竿滑落下来，几乎落到了地面。我定神细看，巢里竟然有一枚破碎的蛋壳。指甲盖一样大小的蛋壳上，布满了亮丽的紫色斑点。嘿，一个白头鹎（bēi）的巢。

白头鹎适应能力超强，它们早学会了与人类共处，从其对筑巢材料的选择上

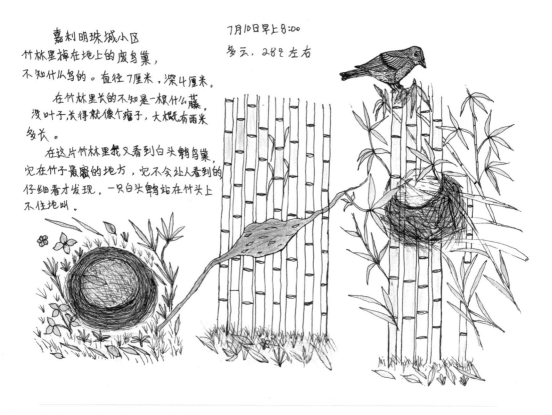

嘉利明珠城小区
竹林里掉在地上的废鸟巢，
不知什么鸟的。直径7厘米，深4厘米。
在竹林里长的不知是一根什么藤，没叶子，长得就像个瘤子，大概有两米多长。
在这片竹林里我又看到白头鹎鸟巢，它在竹子最密的地方，它不会让人看到的，仔细看才发现，一只白头鹎站在竹头上不住地叫。

7月10日早上8:00
多云，28℃左右

秀英奶奶的自然笔记作品。营建在竹丛中的鸟巢，隐蔽性极好，如果不仔细观察，根本发现不了，这无疑为鸟宝宝们提供了最好的掩护

就可窥一斑。除了用草茎、竹叶等自然材料外，白头鹎还喜欢用动物毛发以及人类丢弃的塑料绳、塑料袋、吸管等建巢。真没想到，人类在不知情的情况下，居然成了大自然建筑师的免费材料供应方！至于这位建筑师的选址技术，读读婆婆的那篇自然笔记你就清楚了。

倒悬的"纸艺"作品——胡蜂巢

上海植物园是我们常去的地方。有一次，我和永林到植物园游玩，无意中发现，这个种满树木和花草的公园，不但是一座植物大观园，同时也是一座大自然建筑博物馆呢！其中，最显眼的是两件巨型"展品"，当我把悬挂在枝头的两只

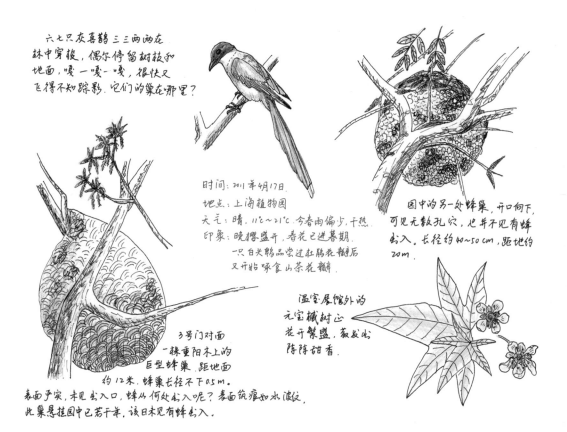

六七只灰喜鹊三三两两在林中穿梭，偶尔停留树枝和地面，嘎一嘎一嘎，很快又飞得不知踪影。它们的巢在哪里？

时间：2011年4月17日
地点：上海植物园
天气：晴，11℃~21℃，今春雨偏少，干热
印象：晚樱盛开，春花已进暮期。一只白头鹎品尝过杜鹃花瓣后又开始啄食山茶花瓣。

图中的另一处蜂巢，开口向下，可见无数孔穴，也并不见有蜂出入。长径约40~50cm，距地约20m。

3号门对面一株重阳木上的巨型蜂巢，距地面约12米。蜂巢长径不下0.5m。表面严实，未见出入口，蜂从何处出入呢？表面筑痕如水波纹，此巢悬挂园中已若干年，该巢未见有蜂出入。

温室展馆外的元宝槭树正花开繁盛，散发出阵阵甜香。

胡蜂巢指给永林看时，他吃惊地瞪大了眼睛："哎呀！真不敢相信！"如此巨大的蜂巢，甚至不需要借助望远镜，就能看清它们的大致模样。

"快看，水波纹！"在我眼里，布满花纹的球状胡蜂巢，简直就是一件精美的工艺品。那些自然流畅的波纹，仿佛是造诣很深的画师在宣纸上画出来，然后又裱糊到蜂巢上一样。

"真奇怪！这么大个，巢柄却如此纤细，它们怎么能不掉下来呢？"显然，永林对蜂巢的力学原理更加感兴趣。

后来，直至收到一件特别的礼物，那个盘桓在我们心中的谜团，才解开了大半。我的朋友中，有不少是"自然发烧友"，有一天，植物园的郭江莉老师，送给我一个很奇特的东西。巧了，它正是一小片"画"着水波纹的胡蜂巢外壳。虽然只有硬币大小，但它足以供我对其工艺做个初步探究。

如果将制作"泥罐"的乌鸦比作泥瓦匠的话，那建筑师胡蜂就相当于瓦楞纸

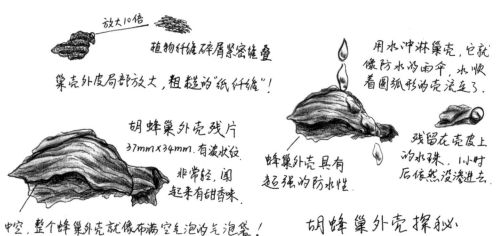

放大10倍
植物纤维碎屑紧密堆叠
巢壳外皮局部放大，粗糙的"纸纤维"！

胡蜂巢外壳残片
37mm×34mm.有波状纹
非常轻，闻起来有甜香味.

中空，整个蜂巢外壳就像布满空气泡的气泡袋！

用水冲淋巢壳，它就像防水的雨伞，水顺着圆弧形的壳流走了.

蜂巢外壳具有超强的防水性.

残留在壳皮上的水珠，1小时后依然没渗进去.

胡蜂巢外壳探秘

厂的造纸工。细碎的纤维屑，仿佛是用机器紧密地压制在一起，制成凹凸不平的"小纸片"。我将水珠滴在这"纸片"上，嘿，估计连纸厂工人都要惊叹了。水滴仿佛落在了油纸伞上，完全渗透不进去。看来，胡蜂巢的设计师们，制作了一

个风雨不透的"金钟罩"，将蜂房严密地保护起来。

"纸片"糊成的巢壳，层层累叠在一起，但层与层之间，只有边缘相连，中间则充满了空气。难怪将它放在手心里，几乎感受不到任何的分量。永林也佩服极了，他心里那个有关力学的问题，这下似乎找到了答案。植物园里的那两个蜂巢，尽管外观极为庞大，但因为里面充满空气，而且是由轻质的"纸片"造就，所以相对重量就小得多。因此，看似纤细的巢柄就能承受住蜂巢的重量，而不至于跌落下来。

这之后，婆婆从内蒙古寄给我一盒宝贝，打开盒子，我惊喜得几乎跳起来。

长脚胡蜂形态各异的蜂巢

标本均采自内蒙古五原县韩油房村屋檐下

65mm×38mm
巢室约100个

红色来自于春联红纸

23mm×22mm
巢室35个

迷你小蜂巢，最小的一个球状蜂巢仅有21个巢室。

巢室中的发现：

寄生蜂干体（被寄生）

胡蜂卵空壳

死在巢室中的胡蜂：

← 18mm →

"金钟罩"蜂巢

33mm×27mm
外罩像个钟，质地轻而薄，仿佛极薄的宣纸。

33mm×32mm. 巢室约40个，极轻巧，有甜香味。

罩子里悬挂着蜂巢

蜂巢 10mm×5mm，共7个巢室，最大巢室5mm×4mm。

外观像灯罩

内部悬挂迷你蜂巢，同样是7个巢室。

里面装着大小不一、形态各异的胡蜂巢，仿佛在开一个建筑博览会。婆婆说，五姨乡下的家里，屋檐下全是胡蜂巢。蜂儿性情温顺，只要不去招惹它们，就绝不会主动伤人。胡蜂每年都筑新巢，听说我喜欢收藏大自然的艺术品，五姨在冬天的时候，就把旧巢采下来，让婆婆寄给了我。

仔细观察这些建筑艺术品，我发现一个有趣的现象：一些蜂巢上镶嵌着红色的条纹，独具艺术魅力。难道真的是为了打造与众不同的艺术作品？

打电话问婆婆，婆婆在电话那边笑起来，她帮我揭开了胡蜂的一个小秘密。原来，春天筑巢的时候，多数胡蜂都去寻找朽木、草茎等植物纤维，用嘴嚼碎后混合唾液，制成"纸浆"来做巢。但也有那么一些聪明的家伙，懒得去远处，就直接飞到五姨家大门口的春联上啃咬，将红纸含在嘴里"打"成浆，这样，蜂巢就镶嵌上了红边，成为独一无二的建筑艺术品。

百变迷彩系列作品——蛾茧

早春三月，共青森林公园的草地上已经绿意盎然，但池杉林里，仍旧是秋冬时节的模样。树上光秃秃的，连日春雨淅沥，半腐的落叶层浸饱了水，踩上去又松又软。婆婆说："就像踩在海绵上一样。"我用力踩了踩脚，叶片下仿佛要渗出水来，就像人踏在被海浪反复浸润的沙滩上。永林来回跑了几下，舒服地说："呵呵，像踩在龙猫软软的大肚皮上！还有，嘿嘿，我们正踩在大地的呼吸上！"

正当永林徜徉在他的奇思妙想中时，突然，枯叶堆里一截小树枝把他"拉"了回来。永林弯腰拾起它，我和婆婆也走过来围观。

"呀，绿尾大蚕蛾的茧！"我端详着树枝上的一座"小房子"，兴奋地直嚷嚷，"瞧啊，它又换了一身迷彩装！"

已经不记得是第几次和这些迷人的虫茧相遇了，几乎每一次，绿尾大蚕蛾这位大自然建筑师，都会为我呈现不一样的建筑作品。尽管作品件件不同，但毫无例外，都属于迷彩系列。

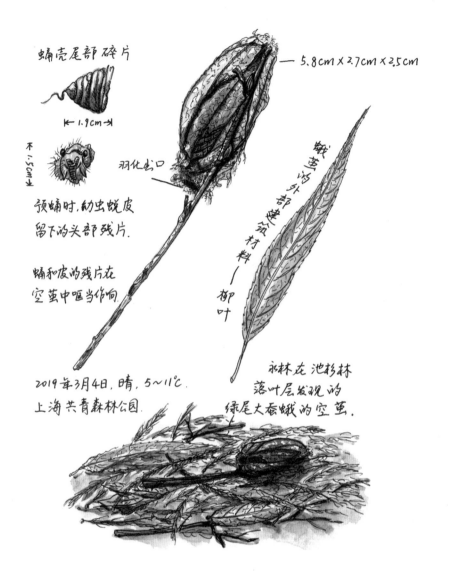

蛹壳尾部碎片

← 1.9cm →

不1.5cm→

羽化出口

预蛹时,幼虫蜕皮
留下的头部残片.

蛹和皮的残片在
空茧中哐当作响.

2019年3月4日, 晴, 5~11℃.
上海共青森林公园.

5.8cm×2.7cm×2.5cm

蛾造茧所用的部分编织材料——柳叶

永林在池杉林
落叶层发现的
绿尾大蚕蛾的空茧.

每年夏秋时节,绿尾大蚕蛾的幼虫会就地取材,吐出丝线,用树叶编织成房屋,悬挂在枝上,看那样子,就仿佛树木自己生长出来的一簇叶片。因此,谁要是能在茂密的枝叶间,辨识出那些身披迷彩的建筑物,可真是好本领呢!爬到水杉树上的幼虫,会就地取材,营建一座杉树叶小屋;如果是来到银杏树上,毫无疑问,一座银杏叶小屋就将建成。而这一次,永林从池杉林中拾到的是一座柳叶小屋。我们四处张望,就在池杉林边,有一株大柳树,不用说,这座"人去楼空"

发现于落叶丛中，成虫羽化飞走，茧壳极轻。结茧于7月左右。

5.3cm×2.5cm×2.6cm

水杉

采自银杏树的主树干，为越冬茧，蛹在茧中沉睡，置于手心，能感受到生命的重量。结茧于9月。

6cm×2.5cm×2.5cm

银杏

越冬茧因蛹期较长，所以幼虫选择在树木主干或较大树杈处结茧，以避免被风雨吹落。

发现地和茧的情况与第一枚相同，也是夏季的茧。

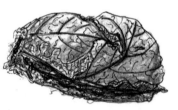

6cm×3.2cm×3.3cm

绿尾大蚕蛾茧

重阳木

2013年1月12日
上海松江郊区。

结茧选材

的小房子，正是从那棵柳树上吹过来的。

　　除了绿尾大蚕蛾幼虫织就的迷彩小屋，在公园里，我们还找到了另外一类建筑师的迷彩系列作品。

　　那是营建于树皮上的一个建筑群，景象煞是壮观。香樟树的粗糙表皮，就像用凿子凿过一般，布满深深浅浅的沟壑，手指盖大小的蛋形房屋就建在其间。但是，若不留心，你肯定发现不了。这也难怪，长满毒刺、令人"闻风丧胆"的黄

绿尾大蚕蛾（前翅）

2016年4月9日
上海共青森林公园
"发现上海野趣"
任众、小郭、永林一同拾得
多云，23℃。
朋友们欢聚的一天！

柳枝上的绿尾大蚕蛾（复原图）　　极好的保护色！

几年前，我们在公园里拾到了绿尾大蚕蛾成虫的翅膀，这位建筑师长大后真是漂亮极了！

刺蛾幼虫在化蛹期间，毒刺变得蓬松而失去了威力，因此，它们会修建一座座坚实的蛋形小屋，并在上面"粉刷"上棕褐色的迷彩图案，将房屋与树皮融为一体，让粗心的天敌们完全察觉不到它们的存在。更有趣的是，这些虫虫建筑师还是通晓光影艺术的大师，它们的迷彩小屋，大多修建在树干的背阴面，昏暗的光线，可以让蛋形小屋更好地隐身。

怎么样，我们身边的一处处公园，就是一座座大自然建筑博物馆，里面陈列着各种小生物充满奇思妙想的作品，只要懂得观察，就一定会发现更多建筑师的杰作！

树皮缝隙中,是虫茧
集中附着的地方

茧石灰质,
坚硬

伪装纹

← 16mm →
正面

多数为椭圆
形,被树隙
夹住的,形状
较不规则.

茧盖,内面光滑,茧里是
发霉的蛹.

发霉而
未羽化
的茧,
茧盖还
未打开.

腹面   背面,尚存蓬松的刺

被真菌寄生的蛹

背面

茧与树皮
"长"在一起,
极难分开.

黄刺蛾幼虫(据图鉴绘)

2019年3月7日,
晴,5~11℃.
上海黄兴公园

卫生间门外
一株香樟树
上的黄刺蛾茧.

阴面极多,
共计约30多枚.

旧茧的伪装纹
变淡或消失.

树干
阳面,
虫茧极少,
仅见2枚.

　　说到用绘画的方式记录大自然，你一定会问：没上过美术培训班怎么办？一开始，我和你有同样的困惑。我也没专门学过画画，起初很担心画得不好看，被别人笑话。不过，后来我发现，真正精彩的自然笔记，并不在于画面要有多漂亮，而在于：

　　○ 在自己的能力范围内，尽可能细致地进行观察和准确记录。

　　○ 能够表达出自己内心的想法，有独立的思考。

　　其实，经由记录而与自然万物相亲相近、相爱相惜，才是自然笔记创作的真正意义所在。

　　不过，整齐美观的页面总是令人赏心悦目，因此，即使我们的绘画水平有限，我们也应做到：

　　○ 合理规划页面，均匀排布图文。不要让某些地方过于拥挤，也不要在某些地方留下大块空白。

　　○ 图画和文字的大小适中。图要是过小的话，不但看起来吃力，而且难以把更多的细节画在上面。

　　○ 图画和文字清晰。用铅笔创作的作品，时间长了，笔迹会变得模糊，所以，可以选用针管笔、中性笔等作为勾线工具，书写的话，中性水笔就很不错。

　　○ 保持页面整洁干净。即使在户外记录，也最好保持页面的整洁，过多的污渍会妨碍记录，也不便于今后的阅读。

小动物的"隐身术"

常有人说：公园里除了花呀、树啊、草的，还能有啥？每当听到这样的谈论，我就知道，公园里的"隐身大师们"又把一些粗心的游客给骗了。

我知道，无论是公园还是野外，那儿的居民们都会跟我们玩"捉迷藏"游戏。虽然对手足够狡猾，企图用各种各样的障眼法从我的眼皮底下溜过去，但最终还是有那么一些，没能逃过我的火眼金睛。如果你也想在"捉迷藏"的游戏里取胜，就来了解一下小动物们的隐身"秘技"吧。

秘技之一：挑选隐蔽的藏身之所

如果体形足够小，公园里繁茂的草丛树林就可以作为藏身之地，帮助它们躲开天敌或人类的视线。然而即使是这样，小动物们也从来不会大意。

春天里，二月蓝为公园的地面铺上了一块块蓝紫色的花毯，各种馋嘴的小昆虫从早到晚萦绕在花丛中吮食花蜜。不过，住在叶片上的潜叶蝇幼虫，却是一位另类食客，那鲜嫩的叶肉才是它的美味佳肴。留心观察你会发现，二月蓝叶片上常会有一些奇怪的图案，白色的带状条纹，像迷宫一样曲折幽深。而住在这"迷宫"里的，正是潜叶蝇的幼虫。

可是在叶子的正面，你常常看不到幼虫的身影。难道它们已经逃跑了？瞧，你已经被潜叶蝇幼虫的隐身伎俩蒙骗了。把叶片翻过来，在白色隧道的尽头，一个浅黄色的身影正躺在那儿大吃大嚼呢——这就是那位神秘的隐身者。

潜叶蝇妈妈也许会把粪便排在叶子的任意部位，但产卵却一定要挑选最隐蔽的场所。也许，在它看来，叶片正面实在过于暴露，于是它瞅准一枚宽大的叶片，

二月蓝上的潜叶蝇

这只潜叶蝇在二月蓝的叶片正面"做运动"，浑身上下搓了一遍，然后留下一粒浅棕色的便便，飞走了。

搓前足

搓头部

搓后足

不停地搓呀搓

潜叶蝇，极微小，行为动作和苍蝇相似。

长度仅有0.4mm的浅棕色的便便。

继续追踪——
拉完便便的潜叶蝇径直飞向一枚宽大的叶片。

它栖落在叶片的背面，产下了一枚椭圆形的卵。
极迷你的卵，约长0.3mm，灰色。

叶片背面放大

在另一枚二月蓝的叶子背面，发现了潜叶蝇的幼虫，以及它啃食出的"隧道"，仿佛迷宫一样，里面是黑色的虫便便。

2012年4月15日，闸北公园。
多云转阴，13℃～21℃
雨后的露珠尚未干，二月蓝进入盛花期。

轻盈地飞落在叶片背面，倒悬着身体，产下一枚椭圆形的卵。等幼虫孵化出来，咬破叶子背面的表皮，一头钻进去之后，它们就可以藏在里面，一边嚼着多汁的叶肉，一边挖掘"隧道"，安全而舒适地度过幼年期了。

8月20日.多云.35℃.闸北公园
虫早就走了，叶子背面
只留下一堆细小的卵壳.

许多昆虫都和潜叶蝇一样，把卵产在叶子的背面而不是正面，所以，如果不把叶片翻过来寻找，你就永远发现不了这些隐身者的身影

秘技之二：巧用天然保护色

高明的隐身者根本不必躲躲闪闪，只要趴着不动，单靠身上的色彩就足以让自己从对手眼皮下"消失"。

四月，春回大地，我和永林挑了个艳阳天去上海植物园踏青。公园里的花朵千姿百态，吸引了众多游人。我也抵挡不住诱惑，把永林丢在草坪上，一头扎进人堆，去瞧瞧今年公园里引进的花卉新品种。挤进人群，满眼绚烂色彩，一低头，

2011年4月4日上午，阴，17℃左右.
上海植物园，花开，鸟鸣
春意盎然.

蟹蛛.长约0.9cm.隐身于
大花六道木的花叶间.
横行，速度极快.

榉树皮上的蝽

榉树叶

果腋生，
长4mm
坚硬.

很好的
保护色
体长17mm.
两只触角
上下抖动

夏末的公园仍旧生机勃勃，榉树树干为麻皮蝽若虫提供了绝佳的栖息环境。瞧，在斑驳树皮的掩护下，麻皮蝽若虫隐身了！

视线立刻被一截花枝吸引住了。奇怪，它的色彩为何格外明亮耀眼？定睛细看，枝叶间，居然藏着一位长相奇特的隐身者，尽管周围人头攒动，它却趴在那儿无比悠闲。

只见它的腹部闪着明黄的光，仿佛枝头娇艳的小花；碧绿色的头与叶色融为一体，叫人难以分辨。更妙的是，它的八条腿翠绿油亮，好似叶片上纤细的脉络。耳边全是游人对鲜花的赞叹声，我打量了一下四周，天哪，除了我，根本没人意识到眼皮底下这位隐身者的存在。我用手指轻轻碰了碰它，小家伙大吃一惊，知道已经被人识破，立马撒丫子飞奔，一路横行，像螃蟹一样。嘿，原来是位蟹蛛隐身者！

秘技之三：妙用雷人化装术

有的动物既没有天然的保护色，身体又十分娇嫩，容易受到伤害，那它们会怎样保护自己呢？可别小瞧它们，一些小动物会巧妙地使用化装术，就地取材，将自己装扮起来，变成周围环境的一部分，同时也为身体增加一件防护"外套"。

在南京明孝陵景区游玩时，婆婆、永林和我正靠在栏杆上休息，忽然，石栏上的一截小"木棍"引起了我们的注意。起初，我们根本不以为那是一个活物，一眼看上去，不过就是一小截枯朽的植物茎干，底下粗一点儿，上头细一点儿，直到它突然开始缓慢地向前移动。

凑近细看，"木棍"底端居然探出一个小脑袋和几条纤细的足。哈哈，这"木棍"并非植物的茎干，而是一只小虫子为自己营造的防护堡垒。虫丝黏附着植物碎屑，巧妙地卷成一个圆锥形的筒，模拟成小木棍的模样，简直惟妙惟肖。

回家查阅资料才知道，这种小虫名叫蓑蛾。成年雄蛾像其他飞蛾一样长出翅膀，自由飞翔；而雌蛾到了成年期，习性却仍和幼虫时一样，把自己化装成干树棍一类的东西，缩在里面度过余生。也许，雌蓑蛾的一生因为不能飞翔而不够精彩，但是它们却因为有了这绝妙的隐身术，得以成功生存和繁衍。人类农技专家把它们列入害虫的行列，想尽种种办法进行剿杀，直到现在，他们还常常感到头疼。

2011年6月3日至5日.南京.
3日多云.最高温33℃.
4日下了小雨.

石栏上奇特的
小虫.身体缩在
掩体里.缓慢
爬行.全长7mm.

2011年6月5日，闸北公园，阵雨，20℃～24℃.
公园里到处是昆虫的身影。

蚜狮
（草蛉幼虫）

身体背部粘着枯叶.
体长约5mm.

木香藤下的泥地上,
极具伪装的小昆虫.

尾部略红软.行进时分泌
出棕色的黏液.

大自然中具有这种雷人化装术的可不只有蓑蛾，公园地表，一只蚜狮
旁若无人地四处游逛，仿佛是行走着的一团泥渣

　　知晓了小动物们的上述秘技，下次去公园，它们再和你玩"捉迷藏"的游戏，你就有了更多胜算。不过，知识掌握得再多，也需要时常进行演练，不然同样会被狡猾的隐身者们蒙骗。就比如后面这篇在大宁灵石公园记录的自然笔记里，树鹨根据光影的变化，或飞奔或慢走，巧妙地利用保护色，与周围的环境融为一体。而躲藏在泡桐树果壳里的飞蛾幼虫，尽管已经寻找到了一个绝佳的庇护所，但仍努力织出细密的丝茧，希望用障眼法来逃避天敌的追踪。面对这些层出不穷的隐身秘技，即使是我，也常常上当，辨识不出来呢！

2012年1月26日. 晴. 3℃~10℃.
大宁灵石公园.
一次发现之旅……

密实的
双层茧

破败
的茧皮

羽化后
的虫蛹壳

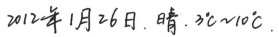

胸部
黑色的纵纹

体长约16cm.
比麻雀略大. 冬候鸟.

火棘丛
被修剪得
低矮而整齐

茧里的幼虫
雪白. 约2cm长
什么时候化蛹?
茧破了还能活吗?

阳光地里
飞奔

阴影
中慢走

一小群树鹨 落在 草地上的
树荫里. zig-zig-zig 地叫着觅食, 与人
保持约2米的距离.

尾部上下摆动

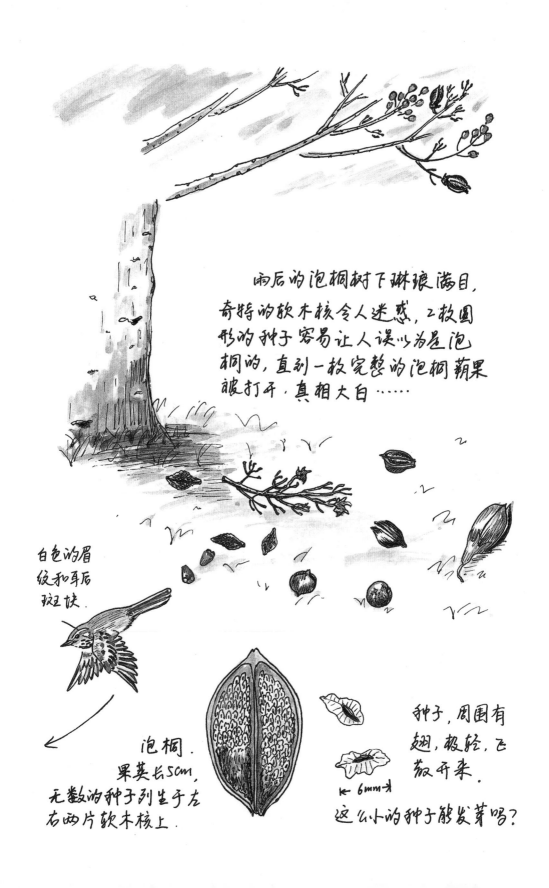

雨后的泡桐树下琳琅满目，奇特的软木核令人迷惑, 2枚圆形的种子容易让人误以为是泡桐的, 直到一枚完整的泡桐蒴果被打开, 真相大白……

白色的眉纹和耳后斑块.

泡桐.
果荚长5cm,
无数的种子列生于左右两片软木核上.

种子, 周围有翅, 极轻, 飞散开来.

←6mm→

这么小的种子能发芽吗?

到户外做自然笔记，不能只站着眺望或旁观，大自然老师可不会轻易把她的秘密透露给我们。就像是完成一篇野外考察报告，当我们趴在地上、钻进树林，仔细去探索和发现时，需要调动身体的所有感官：

○ 视觉。瞪大双眼，捕捉那些难以被人察觉的事物和现象。

○ 听觉。竖起耳朵，哪怕是最微小的声音也会传达出特别的信息。

○ 嗅觉。尖着鼻子，追踪大自然中那些丰富而难以描摹的气味。

○ 触觉。伸出手指，感受自然物的形状、温度与质地。

○ 味觉。探出舌头，品尝大自然"调料瓶"里的味道。

不过，可要当心，不认识或不确定的生物及分泌物，是不能触摸或品尝的，因为它们可能含有致命的毒素。

一旦把感受到的信息记录到自然笔记里，大自然的立体性和丰富性就呈现了出来。最可贵的是，这些信息是我们亲身体验的结果，是从任何资料上都难以获取的，因此，它们会令我们的作品与众不同，独具魅力。

蝉蜕"亮眼"之谜

　　转眼又到了夏蝉聒噪的时节，当我们汗流浃背，起身关上门窗，想把热浪挡在屋外时，小动物们却在大地上开着狂欢派对。是躲在空调房里继续抱怨燥热的天气，还是去公园揭开那些只属于夏天的秘密？嘿，还等什么，带上你的记录本，再加一点儿简单装备，跟我一起出发吧。

麦冬

开出一串串洁白的花

蝉 蜕
闸北公园柳树上
← 4.3cm →

遮阳帽

双肩包

饮水杯

防晒霜

橡皮

铅笔
针管笔
黑色中性笔

蓝灰蝶

一刻不停地飞舞。
翅展约1.2cm

笔袋

直尺

放大镜

夹在硬垫板
上的A4白纸

彩色铅笔，挑选
最常用的颜色携带。

泡桐落叶
长约21.5cm

我的夏日装备

8月28日，阴有霾，最高温31℃。
前两日下午均有雷阵雨。
闸北公园的盛夏。

上 海 常 见 蝉 观 察

成 虫

蝉 蜕

—— 唯有复眼
亮晶晶
—— 浑身裹满泥

蟪 蛄 (雄性)
体长2.4cm, 拾自闸北公园.

蟪 蛄 蝉 蜕
体长1.7cm, 采自闸北公园杉树林

—— 复眼明亮
—— 整体洁净

蒙古寒蝉 (雄性)
体长3cm, 拾自上海植物园

蒙古寒蝉 蜕
体长2.5cm, 采自上海植物园雪松林

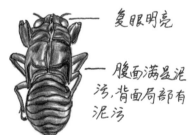
—— 复眼明亮
—— 腹面满是泥
污, 背面局部有
泥污

黑 蚱 蝉 (雄性)
体长4.7cm, 拾自闸北公园

黑 蚱 蝉 蜕
体长3.5cm, 采自闸北公园樱花树.

(限于纸张尺寸, 蝉的翅膀均画得比实物短小)

过了夏至，"金蝉脱壳"后的"壳"在公园的小树林里随处可见。蝉早已飞走，可钩挂在树干、树枝、叶片上的蝉蜕，样子依旧活灵活现。

黑蚱蝉是我们这儿蝉界的"巨无霸"，单就蝉蜕来说，两只蟪蛄的蜕，才顶得上一只黑蚱蝉蝉蜕的大小。蟪蛄蝉蜕，虽说不大，形态却很有意思，圆溜溜的壳上裹满了泥，常被人当作是树干上粘着的一个小泥球。不过要说起古诗中的蝉，我总怀疑那应该是蒙古寒蝉——修长的体形，翠绿的颜色，自带诗意与仙气，就连它的蝉蜕，也纤巧雅致，入诗入画，都极有韵味。

除此之外，蝉蜕上还有许多细节，就像侦探电影里的一条条线索，观察和研究它们，将会带我们走进幼蝉隐秘的地下世界，揭示它们独特的生活习性。

这一次，我将重点放在了蝉蜕的眼睛上。

起初，引起我注意的是蝉蜕上的泥污。对比三种蝉蜕，除了蝉界"仙子"蒙古寒蝉，其他两种幼蝉在地下生活时，似乎都不很注重仪表。蟪蛄的蜕，浑身上下裹满泥污，若是把泥刮下来的话，足可搓成一粒泥丸！在放大镜下，甚至连它们头上极小的触角都成了泥棒槌。黑蚱蝉的蜕相对洁净，但头部、胸腹部和多数的爪上也裹着厚厚的泥。然而，令人惊讶的是，就是这些泥乎乎的蝉蜕，却无一不拥有两只洁净的复眼。尤其是蟪蛄的蜕，对比十分强烈，一个个"小泥球"上，都镶嵌着两只亮闪闪的大眼睛，晶莹剔透，一尘不染。这是怎么回事？

法布尔在他的《昆虫记》里，把地洞里的幼蝉比喻成一个泥水匠般的工人。"泥水匠"在地下的三四年时间里，不断修整它的地下"城堡"。掘土的时候，幼蝉用尾部喷出极黏的液体，将泥土变为泥浆，然后用肥重的身体压上去，使烂泥挤进干土的罅隙，从而修建起一条墙上涂有灰泥的隧道。这"拖泥带水"的工作，难免让"泥水匠"的体表沾上泥污。

就像生活在土壤中的蚯蚓和地下洞穴里的盲鱼一样，我猜测，在暗无天日的地下世界里生活的幼蝉，也并不需要视力。当"泥水匠"忙着往墙壁上涂抹灰泥时，它的两只复眼也会像其他部位一样，被泥浆包裹。但在那个时候，幼蝉并不会花心思来清理它们，完全没这个必要嘛。那么，又是在什么时候，幼蝉开始擦

蟪蛄蝉蜕

长1.8cm

柏树及雪松树树干上多见，蟪蛄若虫可能是比较偏爱它们的树汁。

柏树——

蟪蛄羽化前后对比

单眼完全被泥污覆盖

复眼极干净

单眼

复眼

所有蟪蛄蝉蜕的复眼都没有泥污，而身体完全被泥污包裹，包括触角。

前足外侧有少许干净处。幼蝉是否用它来清洁复眼？

羽化后，蝉身上一尘不染，单眼和复眼都亮闪闪的。

羽化前

羽化后

擦亮眼睛去地洞

时间：2011年7月17日　地点：闸北公园

天气：多云转阵雨，27℃~33℃

印象：被人踩得坚实的土地上尽是蝉洞，恰好能容下一指。树上的蝉蜕，无一例外地有着明亮的复眼。

坚硬的小道上满是蝉洞

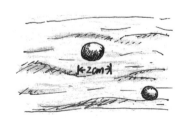

长2cm

黑蚱蝉蝉蜕

樱花树

火棘

蝉蜕复眼
极亮，无泥污

柳、樱花及火棘树枝上多见，黑蚱蝉若虫可能是比较偏爱它们的汁液。

所有黑蚱蝉蝉蜕的复眼都没有泥污，身上比蟪蛄干净一些，泥污较少。

蝉蜕长约3.3cm

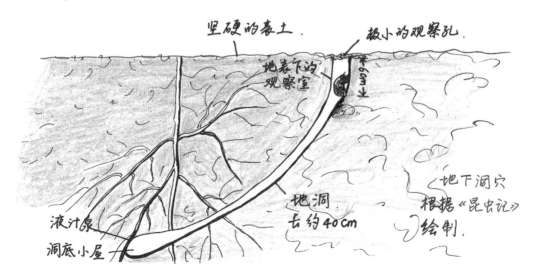

坚硬的表土

极小的观察孔

地表下的观察室

约6cm处

地下洞穴
根据《昆虫记》绘制。

地洞
长约40cm

液汁泉
洞底小屋

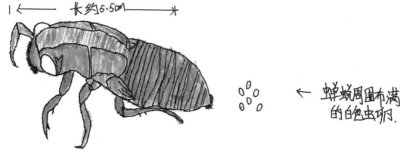

长约6.5cm

← 蝉蜕周围布满
的白色虫卵.

从上海带回来的 蝉蜕,呈褐黄色,
蝉蜕的口器部、足部,尾部都长有细细
的茸毛,眼睛透明,油亮亮的。
只是因为摆放时间过长的原因,蝉蜕的
周围布满了很多密密麻麻的小虫卵,像白芝麻.

我的外甥女芮吉祥同学,
把她从上海带回昆明的
蝉蜕用自然笔记记录了下
来。她也观察到了蝉蜕上
的两只明亮的复眼

亮它们的眼睛?

毫无疑问,那是在幼蝉准备出洞羽化之前。公园的小树林里,坚硬的地表满
是蝉出地穴后留下的小洞,把指头伸进去,恰恰有一指来深。根据《昆虫记》的
记载,这一指来深的地方是幼蝉出洞前的观察室。朋友浩淼是一位昆虫达人,他
告诉我,幼蝉会在观察室的薄土盖顶端开一个极小的观察孔,从这里观察外面的
天气情况。就螳蛄蝉蜕的情形来看,其幼蝉是用擦亮后的复眼感知天气变化的,
因为蝉蜕额心上的三只单眼,无一例外地覆盖着厚厚的泥污,幼蝉是不可能透过
这层泥垢来接收光线刺激的。

然而,我们的"泥水匠"是怎样擦洗双眼,让它们变得如此油光锃亮的? 是
用它泥乎乎的前爪,还是举起臀,用蝉"尿"来冲洗? 因为没有理想的实验方法,
我暂时解不开这个谜。我也请教过大自然学堂里的其他一些学员,可是没有人能
够帮助我找到答案。说不定你能想出一个好方法来解开这个谜团,到时,你一定
会成为大自然学堂里的一名优秀学员!

进行自然观察记录，需要准备一些基本工具：

○ 纸张。可以是一个硬皮白纸本，也可以是硬垫板上夹着的一叠白纸。

○ 笔。根据自己的喜好，铅笔、针管笔、中性笔皆可；彩色铅笔、水粉颜料套装，可以帮助上色。

○ 直尺。用来测量观察对象的大小。

○ 放大镜。帮助观察生物的细微部分。

○ 相机或手机。拍下快速移动的生物，回家对着照片整理完成自然笔记。

另外，不同的观察任务对工具的要求也有所不同。比如：

○ 观察鸟类，需准备一个望远镜。

○ 观察昆虫，需准备捕虫网、昆虫盒。

○ 观察土壤动物，需准备小铁铲、镊子、收纳箱等。

而在一些特殊的天气里，对工具也常常会有一些特殊要求。在这方面，我有过一次难忘的经历：

一个下雪的冬日，我跑到户外去观察和记录雪花，出门时，随身携带的是一支圆珠笔。然而，问题很快来了。当天的气温只有5℃，笔芯里的油墨发生了凝结，根本画不出任何的线条。后来，我进屋取来一支铅笔，才顺利画下了雪花的形状。回到家，我用中性笔重新勾线，并涂上颜色，就有了下面这篇自然笔记。

时间: 2011年1月18日.

地点: 永福路123号、淮海路聂耳像下.

天气: 最低0.9℃. 小到中雪, 傍晚积起薄雪.

梅树在孕育花蕾,
期待春回大地。

　　雪花较大, 如筛落一般, 慢慢

盘旋而下。每一枚冰晶体都呈现

出形态各异的六角形, 绝美无比.

腊梅正在盛花期, 却难闻到幽香. 天太冷吗?

1月18日观察列的雪花形状 (包括柱晶和片晶)
直径：2mm ~ 5mm.

雪下得快而密，雪花是冰针结成的蓬松的小团，也有六瓣的雪花，但厚实而微小，是极简单的齿轮形，2mm 的直径。

2011年1月20日，大寒．

大雪转中雪，0℃~5℃．清晨，树枝上积起了厚厚的雪，悬铃木的果实仿佛戴上了白色的绒帽。中午过后，雪小了，积雪也逐渐消融，地面积起了水。

落叶是什么颜色的?

　　从小到大写作文，只要是描写秋天飘飞的树叶，我想都不想就会用"金色的落叶"来形容。可是，现在到公园里走走，黄颜色的落叶的确不少，但要找一片真正具有金子一样色泽的，却并不容易。那么落叶到底是什么颜色的?

　　为了弄清这个问题，我每个季节为大自然做笔记时，都会留心观察地面上的落叶。

池塘边的乌桕和樱花树
闸北公园满地
的落叶。色彩
缤纷，鸟儿在悬
铃木伸展浓密
的树枝间嬉唱
11月27日，晴
10℃~15℃。

最干旱的一个秋天
池塘里的水浅了，变得发黑

难道不是秋天才有落叶吗？瞧，如果你问这个问题，说明你的观察还不够细致。其实，大自然里的常绿树木，每个季节都会有一定的叶子脱落。新叶子长出来，老叶子落下去，不断进行着新陈代谢，从而让这些树木看上去一年四季都是青翠的。

看不见晚樱树，但见落红满地

枫杨

2011年4月22日地球日，
小雨转阴，13℃~18℃。
高安路、永福路湿漉漉的地面

落叶树则不同，春夏时节，它们会像常绿树一样进行叶子的新陈代谢；但是随着秋天气温的下降，树木为了自我保护，减少越冬时的水分和养分消耗，它们会把树叶全都脱去，以储蓄能量等到春天再次萌发。所以，如果公园里的落叶树比较多的话，人们在秋天就能欣赏到壮观的落叶景象了。

春天的落叶是什么颜色的？我拾起马路上的一片树叶端详。这是早春枫杨吐出的一片小叶，纤弱而扭曲。如今它已经完成了为树木制造养料的使命，静静脱落下来，变得色彩斑驳。沿着主脉，一抹黄绿，我隐约看到了它年轻时的模样。主脉两侧是淡淡的黄，那是叶绿素分解之后显露出的叶黄素。而落叶的边缘，则因水分流失，已经变成了深深的茶色。春天里，我还去公园寻找过其他树木的落叶。香樟的落叶是醉人的酒红，柳树的落叶是柠檬黄，但更多的落叶则像这片枫杨树叶一样，并不具有单一的色调，而是呈现出斑斓的色彩。春天里，我很难找到一片真正的金色落叶。

夏天落叶的颜色有什么不同吗？我记录了一次夏天雨后的落叶，缤纷的色彩丝毫不亚于秋天。我发现，夏天的落叶有一个特点，那就是地面上经常能看到新鲜的绿色树叶。原来，夏季的风雨常会把一些仍处于生长期的树叶卷落下来，这就为地表增添了更多生动的色彩。尽管地面也不乏黄色的落叶，但它们要么颜色太浅，要么缺少光泽，我依然很难找到一片真正的金色落叶。春夏季，与落叶相

6月12日，雨后。
闸北公园里缤纷
的色彩洒落一地。
落叶不是秋的专利，
凋落与新生在同一个
季节发生。

柳叶、乌桕、构树、加拿大杨、枸骨、香樟、樱花、女贞……
还有合欢的落蕊无数，以及悬铃木脱落的树皮。

伴的是落花，如果你是个有心人，就会发现此时的公园地表也很美丽。

　　秋天的落叶是金色的吗？如果金色是指黄金那种金灿灿的色泽，那么我要说，秋天里我依然难以找到一片真正意义上的金色落叶。虽然秋天的落叶有许多是黄色的，但它们要么间杂了茶色、红色或其他色彩，要么根本不具有金属般的光泽。不过，这丝毫不影响秋叶的华美与绚烂，叶黄素、胡萝卜素还有花青素，像伟大的魔术师一样，把秋天里的公园变得像童话仙境一般，瑰丽而浪漫。

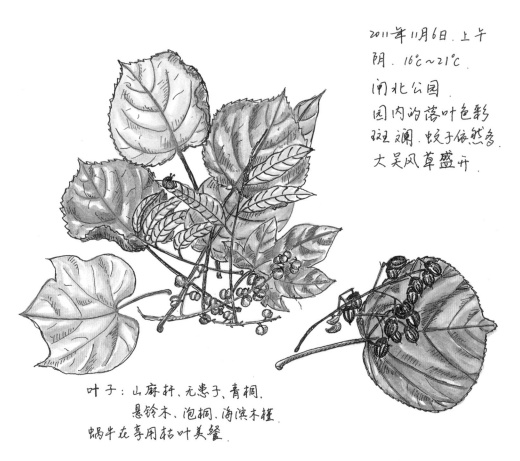

2011年11月6日.上午
阴. 16℃～21℃
闸北公园
园内的落叶色彩
斑斓.蚊子依然多
大吴风草盛开.

叶子：山麻杆、无患子、青桐.
　　　悬铃木、泡桐、海滨木槿
蜗牛在享用枯叶美餐.

干萎的
蒲葵的果实.

紫薇果实
萼片、果壳各6枚.

雨后,木椅
上的水渍未
干,一只蜗
牛在散步.
早上10:00
近期气温回升,桂花
又开了,闻到甜香.

秋天的落叶总是与落果相伴，有了它们的存在，公园的地表生动极了

拾来的新鲜落叶，夹在白纸之间，我用"刮印"的方法，留存下它们在秋天里的色彩。忽然我明白了，"金色的落叶"更像是人们的一个美好想象，在这样一个收获的季节，那满园黄中透红、红中带黄的秋叶就如同金子、麦穗一般，绚丽夺目又让人满怀喜悦，也许，这才是"金色落叶"的真正含义吧！将来写作文时，我一定还会用到"金色落叶"这样的词，不过那时我已经明白，其实落叶的色彩更多的是红、黄、绿和茶色相杂的斑斓之色。

2014年11月26日，大好秋日。
共青森林公园。
鸡爪槭的叶子七彩缤纷，我和永林用落叶印画。大自然最天然的颜色就永远留存在白纸上。

　　将一片落叶夹在两张 A4 白纸之间，用手压紧。用硬币的边缘刮压上层白纸，等叶片的每个角落都被刮到后，它的汁液就会浸染在纸上，留下美丽的痕迹。落叶要尽可能新鲜，因为这样的叶子里还含有一定的水分，否则刮不出痕迹来

悬铃木上的
喜鹊巢

石楠落叶

悬铃木落叶

时间：2009年12月26日。 地点：闸北公园
天气：晴。 2℃～5℃。
总体印象：公园里依旧色彩斑斓，悬铃
木褪掉了金色的华服，阳光自由地倾泻
在地面上，并不寒冷。

　　冬天，凌厉的寒风把树枝上的最后几片枯叶也吹落下来，这时的落叶已经完
全失去了水分，常常呈现出浓浓的茶色。不过，像石楠和杜英这类常绿树木在冬
天会脱落下鲜红的叶片，为寂静的冬日公园增添一些温暖的色调。

　　瞧，其实公园里的落叶有着丰富的色彩，也许下次写作文时，你也可以把
看到的色彩"搬"进作文里去，而不必和其他同学一样，千篇一律地使用"金
色落叶"了。

　　做自然笔记可以不需要任何绘画功底，但是，仍然需要我们总结和掌握一些观察和记录的方法。就比如观察和记录一片叶子，可以从下面几个角度着手：

　　○ 叶子的形状。叶片是心形的还是椭圆形的，是手掌形的还是扇形的，等等。

　　○ 叶子的脉络。叶脉是网状的还是平行的，侧脉是从哪里生长出来的，等等。

　　○ 叶子的边缘。摸摸看，叶片的边缘是光滑的、有锯齿的，还是波形的。

　　下面是我总结的一个画叶子的方法，供大家参考。

叶子的画法

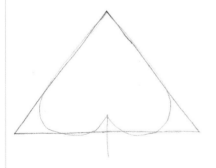

① 没有叶裂的单叶：
由基本几何图形构成.

（杨树的叶）

a. 观察并描绘构成叶片的几何图形；

b. 在几何图形基础上描绘叶片的轮廓；

c. 观察并描绘叶脉和叶缘.

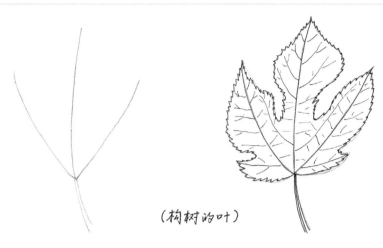

（构树的叶）

②掌状全裂叶：外形不容易归入
简单的几何图形，但是几条主叶
脉支撑起叶片的基本形状。

a.观察并描绘几条主叶脉；

b.围绕主叶脉添加叶片的外部轮廓；

c.观察并描绘叶脉和叶缘。

阅读推荐：《笔记大自然》。这是来自美国的一本自然笔记入
门图书，里面介绍了许多自然观察和记录的好方法。我相信，它一
定会对大自然学堂的新学员有所帮助的。

《笔记大自然》

（美）克莱尔·莱斯利

查尔斯·罗斯 著

麦子 译

华东师范大学出版社

2008年6月第1版

挑个雨天逛公园

下雨天公园里能有什么好玩的！是呀，我以前也这么认为，每次看到天气不妙，就毫不犹豫地取消出游计划，直到有一天，我鬼使神差般地冒着雨，跑到公园里去散步……

撑着伞，我溜达在公园的林荫道上。江南四月，细雨迷蒙，凉意虽浓，却不再阴冷。清新的雨雾笼着我，润润的，一时间，我仿佛变成了一条鱼，游走在盛满甘露的大海里。

头顶，香樟的叶尖闪着银光，小雨珠们一颤一颤，从叶片上跳落下来。它们先是跳到我的伞盖上，接着，又像玩滑梯一般，调皮地滚落地面。公园里的游人少极了，乌鸫和白头鹎的歌声更加清澈响亮。正踱着步，忽然，路旁蚊母树下的一群小蘑菇吸引了我。我蹲下身来细细打量，虽然都是蘑菇，却各有各的长相。有的蘑菇菌盖曲线圆润，就像一把小雨伞；有的蘑菇菌盖扁平，好像是公园里的风雨亭。

它们是被雨水召唤出来的吗？在春雨的滋润下，公园里是否长出了更多模样古怪的野生菌？于是，收了伞，我一头钻进林子里。

不出所料，就在银杏林里，一朵硕大的蘑菇"横空出世"。在这样一个平凡的公园里，我居然找到了传说中异常美味的羊肚菌。当然，我可不会把它据为己有，因为我发现，这朵香喷喷的蘑菇早有了主人。瞧，除了贪吃的蛞蝓，羊肚菌上还住着一只小蠼螋（qú sōu）。觉察到有异常的响动，它从蘑菇别墅的"窗"口探出头来。当看到"窗"外蹲着一个巨大的"怪物"，正瞪大了眼睛盯着它，小蠼螋吓得魂飞魄散，立马缩了回去。这滑稽的动作让我禁不住大笑起来。几天后，春光明媚，我再次来到了公园。遗憾的是，小蘑菇们早已变成了一堆黑乎乎

闸北公园野生菌

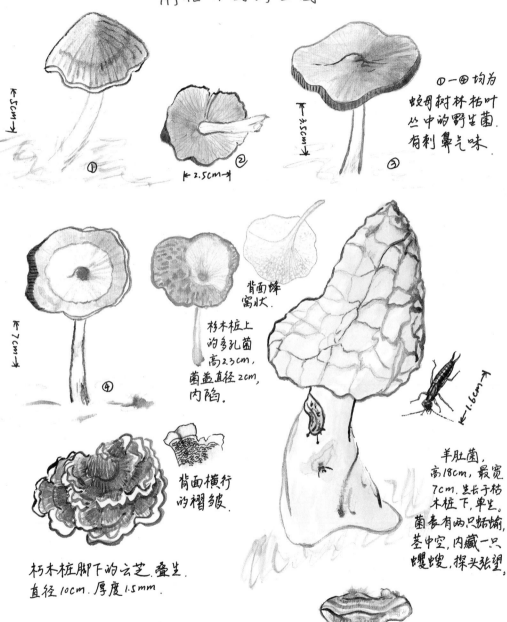

①—④均为
蚊母树林枯叶
丛中的野生菌.
有刺鼻气味.

← 5cm →
①

← 2.5cm →
②

← 3.5cm →
③

← 7cm →
④

背面蜂
窝状.

杉木桩上
的多孔菌
高2.3cm,
菌盖直径 2cm,
内陷.

← 1.6cm →

背面横行
的褶皱.

羊肚菌,
高18cm, 最宽
7cm. 生长于枯
木桩下. 单生.
菌表有两只蛞蝓.
茎中空, 内藏一只
蝼蛄, 探头张望.

朽木桩脚下的云芝. 叠生.
直径 10cm. 厚度 1.5mm.

4月20日. 谷雨. 有晨雾
阴转阵雨, 16℃～20℃.

← 2.5cm → 银杏树干上的树舌

雨润西余山

2013年4月5日 清明时节, 16℃.
永林, 古祥和我,
细雨中登松江
西余山.

松鼠灵巧地扭动
身体, 似乎在啃食
树干上的青苔. 或
者在喝
上面的
雨珠?

所闻: 树冠上多种鸟的叫声, 许多不熟悉的声音

所见: 第一次见到绣眼鸟, 一小群跳跃在树梢.
三种蜗牛, 壳上带刺的扁蜗牛好奇特!
紫背金盘, 紫堇, 还有太多不认识的小花
中华蜚蠊步甲跑得极快

趣事: 水泥地上泡桐花里居
然藏着一只小青花金龟,
吃得太饱, 拉了
我一手稀, 臭
而辣的味道.

的软泥，小蠼螋更是不知去向。

因为有了这次雨天的经历，第二年的清明时节，我和家人迎着春雨，去郊外的佘山公园爬山。我们想知道，当那扇雨中的神奇转门再次被旋开，身边还会发生什么有趣的事情。

雨天的佘山公园格外寂静，整座小山回归了自然的本真模样。树梢上传来种种陌生的声音，鸟儿低声的啾鸣，松鼠用小爪轻挠树皮的簌簌声，还有很多不知来源的静寂之声，这些都是在晴天喧嚣的公园里所无法听到的。各种知名不知名的野花，争先恐后，恣意绽放，这是雨天公园里的别一番热闹。形形色色的蜗牛，也仿佛赶集一样，在树上，在草丛间，溜溜达达，左顾右盼。

四月，泡桐花开得正好，紫红色的花儿被雨水打落，静静地躺在石板路上。我拾起一朵把玩，咦，奇怪，花朵怎么会如此沉重？轻轻一抖，"骨碌碌"，一只碧绿色的金龟子一下子跌落出来，掉在我的掌心。正要端详一番，它却"吧唧"一声，在我的手上拉了一大泡便便。我凑近鼻子闻了闻，啊，好臭！我赶紧扭转了头。起先，我以为是这家伙吃多了，忍不住到处拉屎，过了很久以后，当我再次翻看这篇自然笔记，才恍然大悟：原来，它是通过喷射这种臭臭的便便，来抵御天敌啊！

后来，听我讲完雨天的故事，一群小学三年级的孩子坐不住了。于是我们约定：要是周末下雨，就一起去公园。巧了，周末还真就下起雨来！

到了公园，我有心为难一下这群"贪玩"的孩子，于是出了第一道考题：叶片上的小雨滴为什么是圆球形的？孩子们猜来猜去，都猜不对答案。瞧着他们着急的样子，我却不急着解密。玻璃瓶和扎了孔的小纸片，是我出门前专门为他们准备的。

我将玻璃瓶盛满水，瓶口覆盖一张扎了孔的小纸片，现在，翻转瓶口，奇迹发生了！纸片并没有掉落下来，这是因为它受到大气压强的作用，而紧紧"吸附"在瓶口。最有趣的是，纸片上的小孔里，居然一滴水也没漏下来。接着，我请孩子们观察手中的雨伞。没错，雨伞布和这纸片"长"得很像，布的经线与纬线交

2014年3月1日 上午10:30
细雨蒙蒙　6℃~8℃
闸北公园
和三年级的学生一起
观察春雨.

雨水尝起来有一点点甜味
它的水质如何? 试验见下图:

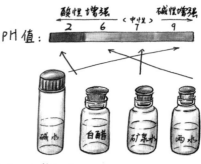

PH值:

酸性增强　2　6　〈中性〉　7　碱性增强　9

结论:PH试纸浸入雨水中, PH值接近中性,
略偏酸. 说明空气中含有微量二氧化硫
等污染物质.

小雨滴为什么是
圆球形的?
是因为雨滴的表
面张力. 水的表面
张力试验如右图:
这和雨伞不漏雨
的原理一致.

白纸片,中间用大头针
扎眼

装满水翻转

大气压强,让白纸片"托"
起了满瓶水. 而水的表
面张力,让水不会从眼中透出.

似乎能
看到叶子的
无数的气孔
树木和小草在快乐呼吸

十十十十学净

公园里的泥土被
春雨浸得软软
黏黏的.

池塘里的水快满了.
雨水为它注入了洁净的淡水.

桂花树下的
马蜂窝.
开口朝下,
有利于躲
避雨水和
天敌.

|←1.2cm→|

深秋天
捡的死蜂
它的巢?

口朝下
有很好
的避雨功能

悬铃木
上篮球大
的马蜂窝
孩子们惊
呆了!

更大的死蜂

出入口
位于巢中
上部, 防
风避雨

歌舞广场悬铃木上
5个巨大的喜鹊窝, 有
盖, 中间抹泥, 能遮风
避雨, 所以喜鹊一年四
季住家里, 而不像白头鹎
碗一样的窝, 不避雨.

织，线与线之间有无数的缝隙，就像纸片上的小孔，雨水同样不会漏下来。这是什么原因呢？

现在，我可以揭秘了！原来，水是一个非常古怪的家伙。仿佛有"洁癖"似的，它特别不喜欢和油、蜡、空气等物质亲近。于是，它想出个办法，让自己尽可能与这些东西隔离开来。这个办法，就被人们称作"水的表面张力"。它让水

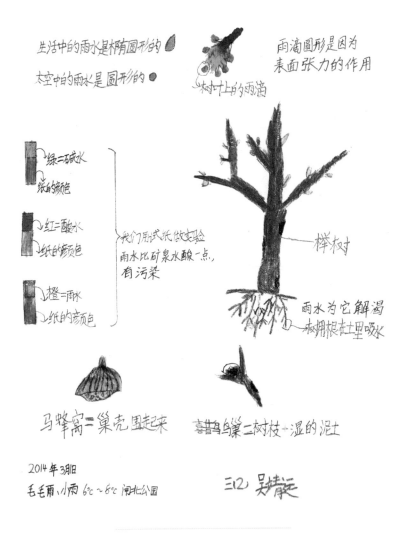

生活中的雨水是椭圆形的
太空中的雨水是圆形的●

村叶上的雨滴

雨滴圆形是因为
表面张力的作用

绿=碱水
纸的颜色

红=酸水
纸的颜色

橙=雨水
纸的颜色

我们用试纸做实验
雨水比矿泉水酸一点，
有污染

桦树

雨水为它解渴
树用根在土里吸水

马蜂窝=巢壳围起来

喜鹊鸟巢=树枝+湿的泥土

2014年3月旧
毛毛雨、小雨 6℃~8℃ 闸北公园

三12 吴靖远

大宁国际小学吴靖远同学的自然笔记

表面的分子"手拉着手"，形成一层薄薄的"膜"，把内部的水分子与外界物质隔离开来。瞧，有了这层"膜"，水就可以暂时与雨伞布和纸片隔离开，而不会从小孔里漏出来了。同样，雨水也不喜欢表面有蜡质层的叶片，它就利用表面张力的作用，在体表形成一层"膜"。而在同等体积下，球形的表面积最小，所以，雨水就将自己"团"成一个球，尽最大可能减少与叶片的接触面积。就这样，大自然生产出了无数球形的小雨滴。

弄清了小雨滴的秘密，紧接着，我又出了第二道考题：雨水尝起来是什么味道的？雨水的洁净度如何？

没想到，这道题居然成了"勇敢者游戏"！当看到我将指尖的雨水送进口中时，孩子们惊叫起来。过了一会儿，在内心经历了一番小小的挣扎之后，所有的孩子都变成了"勇敢者"。"是甜的！"孩子们的眼中闪着喜悦的光，这竟是他们第一次品尝雨水的滋味！

pH试纸，食用纯碱溶液，还有白醋，这是我为这道考题准备的实验材料。通过测试和对比，现在，我们了解了公园里雨水的洁净度。瞧，虽然雨水尝起来是甜的，但实际上依旧偏酸，这与城市的空气污染密不可分。汽车、工厂、垃圾焚烧，都会向空中排放大量的硫化物，当它们与雨水发生化学反应后，就产生出酸性物质。

雨水为公园带来了什么变化？公园里的动物们是怎样应对下雨的？这是我为孩子们出的第三和第四道考题。至于答案嘛，去读读我们的自然笔记吧。下次，挑个雨天逛公园，我相信，对于这两道考题，你一定会有更精彩的答案！

雨中的闸北公园

2011年6月18日上午，闸北公园，大雨，22℃左右。

海桐叶上蠕步的蜗牛，
雨水冲洗得树叶闪闪发亮。

泽蛙在泥地里飞快地
跳跃，体长仅18mm。

石榴上的雨珠。

海棠果在雨天
可爱极了！

酢浆草粉红的花
朵低垂着，草叶上
满是晶莹的水珠。

园里，稍微低洼的地方都成了小水塘，雨滴溅
起的水花如跃动的音符，小水泡游动着，最后
"啪"的一声爆裂。

悬铃木的树皮被雨水浸润得五色
缤纷，光润如上过蜡一般。一只中华
薄翅天牛懒懒地爬着，打不起精神。

初夏时节，我挑了个雨天逛公园，见到的是另一番有趣的场景

几乎在每一篇自然笔记里，都有对于时间、地点和天气情况的记录，这有什么意义吗？要回答这个问题，我们可以从以下角度进行思考：

○ 同一种生物，在冬天和夏天里的表现是否相同？

○ 去外地旅行时，是否见到了从未见过的生物？

○ 同一种生物，在晴天和雨天里的表现一致吗？

事实上，在大自然里，每一种生物在不同季节、不同天气情况下，表现都会有所不同。就比如，相较于夏季和冬季，小蘑菇更喜欢在温暖的春、秋季节出现；而相较于晴天，小蘑菇更喜欢潮湿的阴雨天。并且，生物具有地域性，即使是小蘑菇，中国南方和北方的种类也存在很大的差异。

因此，准确地记录下时间、地点和天气状况，可以真实地反映出生物与环境之间的关系。说不定，将来的某一天，你的自然笔记还会成为科学研究最可靠的第一手资料呢！

公园里的"穿越者"

　　虽然我不是穿越小说迷，但对小说家们那些天马行空的想象还是佩服得五体投地。在那些奇幻故事里，主人公被带到遥远的古代或是未来，换上另类的服装，体验着现代人不曾经历过的奇妙生活。参观完上海辽西古生物化石馆后，我也开始"胡思乱想"：如果真的可以穿越时空，我一定要去 1.4 亿年前的白垩纪！许多天过去了，我差不多已经忘记了这个愿望，直到有一天，公园里的一扇神奇转门突然开启，奇迹发生了……

　　当时我正在公园里溜达，突然发现，许多小生物居然从遥远的白垩纪来到 21 世纪与我相会，那一刻，你不知道我的感觉有多奇妙！

真蕨　　　雪松　　　被子植物　　　蜻蜓幼虫

1.4亿年前
中国辽西

（株高约 50cm）　　（叶长约 2cm）　　（叶长约 4cm）　　（体长约 6cm）

公元2011年
中国上海

（肾蕨，仍然靠孢子繁殖）　（针叶长达 4cm）　（石楠）　（大蜻科幼虫长 4cm）

瞧瞧公园里的这些"穿越者"，有的坚守复古派作风，即使来到 21 世纪，也绝不更换"行头"，长得和 1.4 亿年前几乎没什么两样。比如公园里的那些蕨类植物，依旧长着和白垩纪时代一样的羽状复叶，甚至连繁殖方式都不曾有一丝改变。

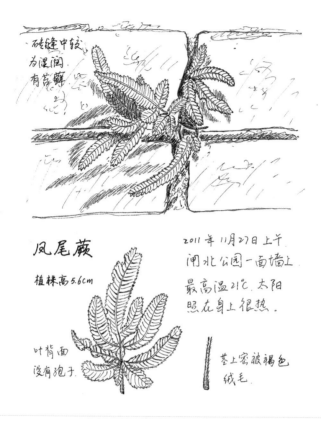

墙缝中的凤尾蕨。这些古老物种的后代，有着如此顽强的生命力，真是让人叫绝！

而多数"穿越者"则像小说里的主人公一样，每穿越一个时代，就更换一套新装，但是无论怎么变，脸还是那张脸，一眼就能被认出来。雪松的松针，把它在白垩纪时期的小号衣服脱了去，换了件大号的来到 21 世纪的公园与我相会；蜻蜓幼虫则恰恰相反，脱了大号的，换了件小号的，不过这也没办法，因为蜻蜓依靠体表的气孔呼吸，21 世纪的空气里，氧气含量比白垩纪时期低多了，它们要是穿越时空来到现代，还长着大号的身体，那一定会被低浓度氧气环境给憋死的。

最妙的是会变形的"穿越者"。在时空穿越中，它们是如何变形的？如今，科学家们还在为这个问题争论不休。上海辽西古生物化石馆里摆放着鹦鹉嘴龙化石，科学家说，这是一种鸟脚类恐龙，以吃草为生，并不是现代鸟类的祖先。不过，看它行走的姿态，实在和科学家们公认的鸟类祖先——兽脚类恐龙（虚骨龙是其中的一个亚目）没什么差别：一脚前一脚后地迈步向前。恐龙穿越时空来到21世纪会变成什么样？如果科学家的推断正确的话，公园里飞来飞去的鸟儿就是它们变形后的模样。

为什么恐龙最后长出翅膀飞向了天空？这个问题对于我来说难度太大了，还是让科学家们慢慢去解答吧。我觉得，单是这些"穿越者"的走路姿势，就足够有趣。瞧，乌鸫和珠颈斑鸠一脚前一脚后地迈着走，这与侏罗纪和白垩纪时期，它们当霸主时的走路姿势没什么两样；而麻雀和白头鹎却是两只脚并在一起蹦着走的，地球上曾经出现过蹦着走的恐龙吗？似乎没有呀。这说明，"穿越者"在时空穿越中，不但极大地改变了形体，甚至连走路姿势也改变了，这可太有意思了！

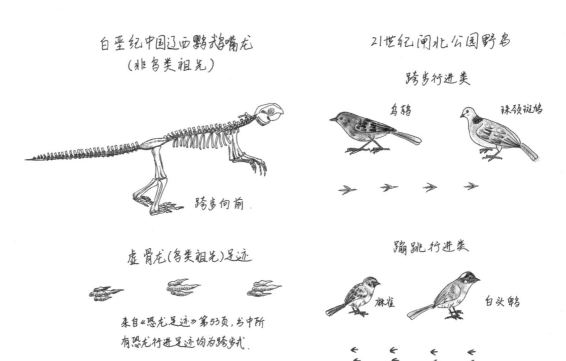

白垩纪中国辽西鹦鹉嘴龙
（非鸟类祖先）

跨步向前

虚骨龙（鸟类祖先）足迹

来自《恐龙足迹》第53页，书中所有恐龙行进足迹均为跨步式

21世纪闸北公园野鸟

跨步行进类

乌鸫　　珠颈斑鸠

蹦跳行进类

麻雀　　白头鹎

　　到科普场馆里，对着那儿的动植物标本做记录，也算是自然笔记吗？当然算！因为这些动植物标本原本就来自大自然，而且在这里做记录，我们还可以学到一些特别的知识：

　　○ 古生物知识。自然博物馆里陈列着许多古生物化石，如今，要了解这些已经灭绝的动植物，可行的方法就是研究它们的化石标本。通过为化石做记录，我们可以"重返"远古时代，认识亿万年前的古生物。

　　○ 生物分类学知识。科普场馆在展出动植物标本时，常常按照一定的科学主题开展。比如昆虫馆的蝴蝶展区，分类展示来自世界各地的蝴蝶标本，人们通过对蝴蝶形态的认知，可以了解蝴蝶的分类、蝶与蛾的区分等知识。

　　除此之外，在科普场馆里做自然笔记，还可以学到其他许多有趣的知识。比如下面的这篇自然笔记，是我参观鸟类标本馆时完成的，通过它，我了解了鸟喙的形态与功能。

形形色色的鸟喙

崇明东滩自然保护区鸟类标本馆
2015年1月18日

小鸊鷉
尖喙用于捕鱼虾

滤食无脊椎动物
也吃水生植物

斑嘴鸭
扁嘴用于滤食，侧缘有缺刻。

绯胸鹦鹉
咬合力大，能嗑开坚果

翘嘴鹬
翘嘴在泥滩中寻找食物

鸬鹚
嘴端钩曲
防止小鱼逃跑
著名的"渔夫"

猛禽.标本未注名
锋利而下钩的喙，捕猎用

植物的彩虹色

永林常说我做事情丢三落四的，我总不服气，可这次，我不得不承认，自己确实是个"马大哈"。在家准备了半天的行囊，结果到公园做笔记时才发现，居然忘了带笔！

永林眯缝着眼睛看我，我就知道又要被他笑话了。就这样服输吗？才不甘心呢。于是，我拉着婆婆跑遍了公园的服务亭，然而结果却令人无比沮丧：公园里根本不卖笔！

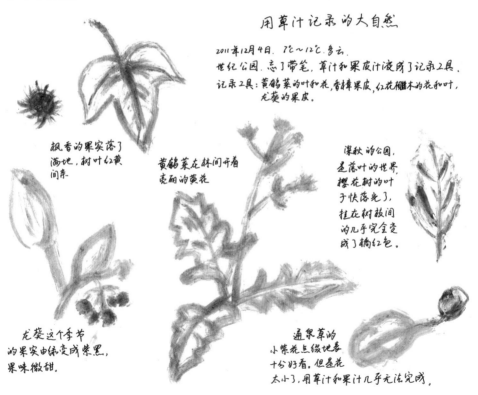

用草汁记录的大自然

2011年12月4日. 7℃~12℃.多云.
世纪公园. 忘了带笔, 草汁和果皮汁液成了记录工具.
记录工具: 黄鹌菜的叶和花,香樟果皮, 红花酢浆草的花和叶,
龙葵的果皮.

枫香的果实落了
满地, 树叶红黄
间杂.

黄鹌菜在林间开着
亮丽的黄花

深秋的公园,
是落叶的世界,
樱花树的叶
子快落光了,
挂在树枝间
的几乎完全变
成了橘红色.

龙葵这个季节
的果实由绿变成紫黑,
果味微甜.

通泉草的
小紫花点缀地表
十分好看. 但是花
太小了,用草汁和果汁几乎无法完成.

笔记上的字，是回家后写上去的

婆婆打起了退堂鼓："算了，光有本子不行的，今天的笔记就不做了吧！"我在林地里一边郁闷地走，一边踢着脚下的落叶，忽然，碧绿的草叶和黄灿灿的花给了我灵感：这些不就是天然的绘画颜料吗？说干就干，我和婆婆掏出本子，就地取材，用最常见的植物汁液涂抹出一个极特别的冬日景观。

一开始，永林根本不相信用植物的汁液也能画画，但当我们的"涂鸦"就要结束时，他被这些天然的色彩迷住了。可不是吗，黄鹌菜的叶汁是天然的草绿色，黄色的花汁正可以为花朵和秋叶着色；满地紫黑色的香樟果实，果皮里虽然挤不出太多的紫色汁液，却也勉强够画一枚枫香的果实；还有红花檵木的树叶和紫红色的花瓣，帮我勾勒出了枫香的叶子和通泉草的花。婆婆的运气更好，她找到了一株山茶树，落花的汁液成了涂画花朵的天然颜料。

2011年12月4日 我们去世纪公园，
看见好多枫香叶子掉在地上。
有橙黄色，有紫红色，我们拿草
的花和叶子，画了这些叶子。

这个花
是拿掉在
地上的茶花
画的。

婆婆用植物汁液涂抹出的落叶和花

没想到，在无意之间，"马大哈"的我竟然旋动了公园里的另一扇神奇转门，透过这扇门，我们重新看见了植物的迷人色彩。说不定，植物的汁液还可以涂抹出一道最迷人的彩虹呢，我当时想。于是冬天里，我捡来蟹爪兰的落花，涂抹在白纸上，瞧，彩虹有了浪漫的紫色；我又摘来几片黄金菊的花瓣，它赠予我明亮的黄色；耐寒的三色堇，绽放着瑰丽的花朵，我用它涂出了神秘的靛色。可是，红橙黄绿蓝靛紫，我还差四种颜色呢。

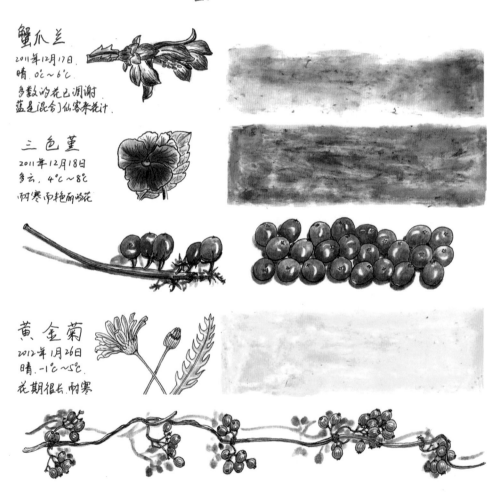

植物的彩虹色

蟹爪兰
2011年12月17日
晴，0℃~6℃
多数的花已凋谢
蓝色混合了仙客来花汁

三色堇
2011年12月18日
多云，4℃~8℃
耐寒而艳丽的花

黄金菊
2012年1月26日
晴，-1℃~5℃
花期很长，耐寒

麦冬的果实看上去蓝幽幽的，就像一颗颗璀璨的宝石，它可以用来涂抹彩虹中的蓝色吗？我试了试，压根儿行不通。因为麦冬的果实，只有极薄的外种皮是蓝色的，根本挤不出足够多的蓝色汁液。鸡矢藤的果实看上去金灿灿的，但此时它们已经变得干脆，完全失去了水分，更别提用来当染料了。

初夏，我终于盼到石榴花开的时节，满地飘落的花瓣将为彩虹带来最艳丽的红色。然而，当怀着激动的心情把揉碎的花瓣摁在白纸上时，我顿时傻了眼，火红的汁液到了纸上居然变成了紫黑色！这到底发生了什么？

我猜，一定是那个爱捣蛋的花青素搞的鬼。虽然我对化学知之甚少，不过花青素的大名，我还是早有耳闻，对它调皮的个性也略知一二。这个躲在花瓣里的小家伙对酸碱度分外敏感，遇酸变红，遇碱变蓝。本来，我想拿 pH 试纸测试一下白纸的酸碱度，弄清花青素变色的奥秘，可是朋友 Sunny 告诉我，白纸所具有的酸性实在太微弱了，用 pH 试纸是测不出来的。不过这也没关系，至少我知道了石榴花汁变色的原因，正是花青素与白纸中的化学成分发生了反应。

后来，我采来车轴草的叶、鸭跖草和万寿菊的花，分别涂抹出了清新的绿色、迷人的蓝色和鲜艳的橙色。现在，我拥有了一条属于我的植物彩虹，它独一无二，别具魅力。

植物的缤纷色彩在装扮我们星球的同时，更赋予了植物以强大的生存本领。枝叶中的叶绿素，在光合作用中吸收和转化光能，把二氧化碳和水合成富有能量的有机物，帮助植物生长。花青素和类胡萝卜素，让花朵拥有了姹紫嫣红的色彩，"机智"地应对阳光的照射。比如，长在强光地带的红、橙、黄花，能够反射含热量多的同色光波，避免娇弱的花瓣受到灼伤；而长在阴暗地带的蓝、紫花，则反射含热量少的同色光波，吸收适量的高热量光波，以满足生理的需要。另外，花朵和果实还会像变戏法一样，用花青素和类胡萝卜素等，调配出昆虫和鸟儿喜爱的色彩，吸引它们来为植物传播花粉和散播种子。

下次去公园时，用收集到的落花和落叶，也来创作一篇有趣的自然笔记吧！

植物的彩虹色

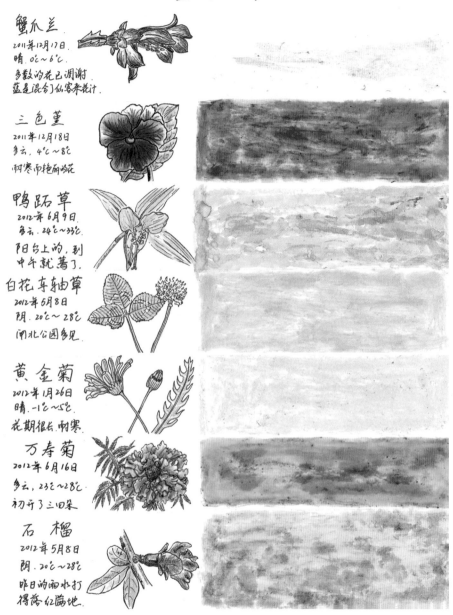

蟹爪兰
2011年12月17日
晴，0℃～6℃
多数的花已凋谢
蓝是混合仙客来花汁

三色堇
2011年12月18日
多云，4℃～8℃
耐寒而艳丽的花

鸭跖草
2012年6月9日
多云，24℃～33℃
阳台上的，到
中午就蔫了。

白花车轴草
2012年5月8日
阴，20℃～28℃
闸北公园多见

黄金菊
2012年1月26日
晴，-1℃～5℃
花期很长，耐寒

万寿菊
2012年6月16日
多云，23℃～28℃
初开了三四朵

石榴
2012年5月8日
阴，20℃～28℃
昨日的雨水打
得落花红满地。

过了几个月，用蟹爪兰花瓣涂抹出的紫红色色带开始褪色，现在几乎变成了白色。Sunny 说，
这可能是因为白纸上的花青素已经死掉了，就像叶绿素会死掉一样。原来，叶绿素和花青素也
是有生命的，这简直太神奇了！

植物汁液新玩法：

○ 把花叶揉搓在自然笔记的图画上，用汁液作颜料。下面的这篇自然笔记，我使用的颜料就是各种植物和蘑菇的汁液，它展示了大自然最纯真的色彩，而且让作品变得非常独特。

杭州良渚文化村山路野玩

丢丢丢一咕唧，树梢上的寒蝉依旧欢唱
赶不走的伊蚊嗡嗡在耳边轰鸣
树干、山路、落叶下，
到处有马陆
悠闲的身影

松树皮上的马陆。
阳光透过林间照射
到它光亮的背脊
它逐渐从沉睡中
醒来……

2017年9月16日.上午
晴.有阳光从林间
照射下来.照在我
们的脸上.手上.射
此时气温22℃
大雄讲寺的山间。

掉落
地面的
烟斗柯

路边的锹甲
体长4厘米.

鞘翅两条镶着红边

秋天.命陨时节

超大的日本弓背蚁

这个有趣的植物是啥？白背叶？
两个可爱的小朋友来围观——
"哇.这也可以啊!"他们被植物涂色深深吸引住了.

雌花序
长10厘米

○ 利用花青素对酸碱度敏感的特性，用植物汁液作画。比如，黑枸杞中含有丰富的花青素，往它里面加食用纯碱水和白醋，可以调配出不同的颜料。再配合其他植物的汁液，就可以画出一篮子的水果。最妙的是，这篮子水果会变色，两个月后，加了纯碱的蓝色黑枸杞汁液，渐渐变成了米黄色。现在，我的"夏黑"葡萄变成了牛奶葡萄，而蓝莓则变成了黄樱桃！

用植物汁液作颜料

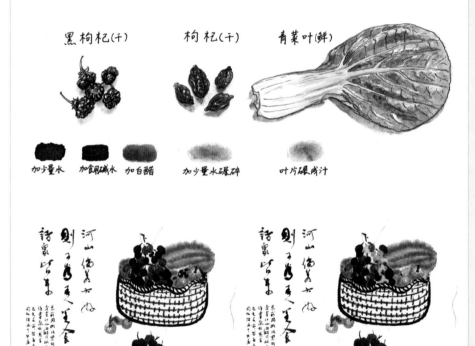

黑枸杞(干)　　枸杞(干)　　青菜叶(鲜)

加少量水　加食用碱水　加白醋　　加少量水碾碎　叶片碾成汁

两个月前的果篮　　　　　　　两个月后的果篮

探访夜精灵

晚上的公园是什么样子的？说实话，我以前也不知道，因为到了晚上，几乎所有的公园都关上了门。直到有一天，我和婆婆旋开了上海植物园的夜之门……

那是暑假的一天，朋友邀请我们去植物园夜游。太阳刚刚西斜，我就迫不及待地整理好行装，拉着婆婆出门了。你一定很奇怪，逛公园还要整理行装？当然喽，尤其是在夏天的夜晚，池塘边的小树林里，蚊子特别多，如果不提前穿好长衣长裤，到时后悔就来不及了。而且，暴露在外的脸和手，还得涂上防虫药水，我们可不想逛完公园后，皮肤又红又肿，被蚊子咬得全是大包。朋友还叮嘱，要带上一只小手电，但是灯光不能太亮，不然会把虫虫们吓坏的。

植物园门口，已经聚集了许多小朋友，原来，他们也是来参加夜游活动的。孩子们和我一样，对于即将到来的神奇之旅充满了好奇与期待。

等到天终于黑下来，我们走上一条林中小径，忽然，讲解员老师一声令下："安静！请关闭所有的手电筒！"就在灯光熄灭的一瞬间，草叶尖上、灌木丛中，袅袅升起星星点点的微光，就好像《仲夏夜之梦》中的精灵们，悄悄来到了我们身边。

只见那些幽蓝色的光点飞舞盘桓，升腾在夜空中，在暗夜编织的幕布上，划出一道道亮线，纤细、弯曲而悠长。

黑夜不再只是单调的墨色，它一下子变得神秘、浪漫而富有诗意。一点萤火飘落，停歇在小朋友的双肩包上，我们凑上去端详起来。手电筒的灯光下，小精灵现身了，原来，是一只绿豆般大小的萤火虫！它的样子，可真够神气：小脑袋油黑铮亮，两条长长的触角上下挥动，好似京剧里的将军，正舞动头盔上的翎羽；鞘翅金灿灿的，像是用黄金锻造，上面嵌着两道脉纹，硬朗明快，十分帅气。现在，我们终于知道它的大名——"黄脉翅萤"的由来了。

德国小蠊.

桃红颈天牛

巨锯锹甲

黄脉翅萤.
体长约7mm
十多个光点在林中闪烁

星脚蛛.
捕食小鱼.

前后足间距5.5cm.

上海植物园
7月2日 20:00.
晴,有风.日间最高37.7℃.

讲解员老师说,别看这个家伙个头小,在幼年期,可是位顶级的捕猎高手,能够用"麻醉剂"制服比自己大很多倍的蜗牛。等蜗牛瘫痪后,幼虫还会继续向它注射一种"消化液",将其变成一"锅"肉汤,然后钻进壳里去"开怀畅饮"。没想到,小小的萤火虫,居然拥有如此强大的生化武器,真是叫人刮目相看。

说来也巧,第二年夏天,我去乡间玩耍,夜幕降临的时候,竟亲眼看见了这位猎手的尊容。灌木丛下,在潮湿的土地上,一个浑身雪白的小精灵正"点着灯",伸缩着腹部徐徐前行。那模样,我总觉得是一个来自远古的幽灵,拖曳着沉沉的脚步,满腹心事地走向一个忽明忽暗的隐秘世界。我很好奇,点着灯笼出行,是为了照亮前路吗?后来,读了付新华老师的书,《故乡的微光——中国萤火虫指南》,才终于弄明白,原来,幼虫发出的光是一种警戒信号,是用来吓退天敌的。

如今,为什么城里很难见到萤火虫了?讲解员老师说,夏天的夜晚,成年萤火虫要

条背萤与黄脉翅萤比较

条背萤活动区域：水域周边

一条次约1m

黄脉翅萤
活动区域：
蔬草丛周边

二者形体区别

条：头胸部略有些佝偻.

黄：翅有纵脉翅尖黑

条背萤

（长8~12mm）

黄脉翅萤

（长约5mm）

★ 黄脉翅萤交配姿势

★ 黄脉翅萤幼虫，陆生，长约5mm

靠腹部屈伸前进

成虫活动区域：

条：多在开阔水域周边，应与幼虫为水生相关；

黄：多在灌木丛、草丛及周边，应与幼虫为陆生相关。

所需生活环境：均需较为黑暗的环境

飞行路线及萤光特征：

条：多见平飞，绿光亮间闪

黄：多见上飞，绿光小，持续光亮。

寻找伴侣进行婚配，夜空中飞舞的点点萤火，就是它们向异性发出的求爱信号。现在，城里的灯光过于明亮，如果萤火虫来到这里，它们微弱的光信号，就会湮没在人造光的海洋之中。"听"不到对方"说话"，它们就失去了彼此相遇的机会。因此，在上海这么大的一座城市里，就只有植物园等极少数灯光较暗的地方，还留存着萤火虫最后的一方栖息之地。我想，夏天的晚上，如果失去了这些神奇的夜精灵，恐怕连最富有想象力的孩子的梦境，也会变得苍白而单调吧！

告别了萤火虫，我们去拜访更多的夜精灵。这会儿，白天里精神抖擞的合欢、

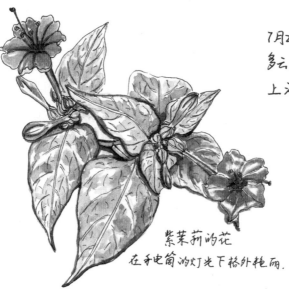

7月21日，晚上 8:15，
多云，31℃左右，依然热。
上海植物园。

紫茉莉的花
在手电筒的灯光下格外艳丽。

好大的一条蜈蚣，趴在紫茉莉靠近地
面的叶片下，阿蒙
老师差点儿就
摸到它！

少棘蜈蚣？
15cm左右，紧紧
抱着捕获的猎物。

睡莲，都闭上叶片和花瓣睡着了，不过，趁着夜晚的到来，紫茉莉却花开正好，夏夜的热风把花香吹得满园都是。

　　说起紫茉莉，在另一次夜游活动中，曾发生一件事情，把在场的所有人都吓了一大跳。那次活动，带队的是鼎鼎大名的阿骷老师，像每次夜游讲解一样，她把大家带到一丛紫茉莉前，向人们展示这种喜欢"上夜班"的有趣植物。"紫茉莉的叶片有点儿像个三角形，"她蹲下身子，拈起一枚宽大的叶片，"啊……"忽然，阿骷老师惊叫起来。只见她迅速抽回手指，就在叶片翻转的一瞬间，我们看到了一条手指粗的大蜈蚣。不过，这个长相凶狠的家伙可没把阿骷老师吓跑，她定了定神，重新掀起那片叶子。借着手电筒的光亮，我们见证了"夜班族"的精彩夜生活：大蜈蚣正抱着一只小昆虫，在那里大快朵颐呢！

　　植物园里有一株远近闻名的"神树"，那是夜游活动中，最不容错过的夏日景点之一。白天，这株大榆树无精打采的，稀稀拉拉的叶片低垂着，树皮上坑坑洼洼，还流淌着黏糊糊的汁液。可一到晚上，这株大榆树就开始显现"奇迹"，许多模样古怪的虫子从树皮下钻出来，露出"庐山真面目"。灯光照过去，脖子鲜红的桃红颈天牛、长着巨大"獠牙"的巨锯锹甲，就像黑夜里的"恶魔"一样，突然现身了。瞧它们那凶神恶煞的样子，实在让人不敢相信，白天里，它们竟然是一群胆小鬼，因为害怕鸟类等天敌的捕食，太阳一出来，就只敢躲在树洞里睡大觉了。

　　怎么样，晚上的公园有意思吧！

小颚

大颚

巨锯锹甲雄虫(小颚型)
体长45mm

巨锯锹甲雄虫(大颚型)
体长63mm

同种锹甲的雄虫,
长相却大不一样.

小颚

中国大锹雄虫
体长57mm.

巨锯陶锹甲雄虫
体长42mm.体表无刻点

如果不是体表无
刻点,还以为是
锹甲雌虫.

巨锯锹甲雌虫
体长35mm.头部刻点众多.

2013年8月31日.多云,22℃~29℃
上海植物园.早就想到"神树"下
觅"宝",果然遂了心愿!永林用树
枝一拨拉,榆树根部的杂草和落
叶堆里就现出好几只完整的
锹甲尸体.我居然发现一只活的!

白天,到"神树"下"挖宝",我们找到了许多锹甲的尸体。过去的两三年
里,锹甲在这棵树上完成了精彩的"虫生",现在,它们的躯体即将被分解,
进入大自然的下一个循环周期

晚上黑漆漆的，即使打着手电筒也不方便写字和画画，怎么做自然笔记呢？下面是我总结的一点儿小经验，供大家参考：

○ 运用大脑的记忆功能，把印象最深的场景和事情记在脑子里。

○ 随身携带本子和笔，把最需要记录的信息，打着手电筒，快速记录下来。当然，这个记录可以非常潦草，因为它只是用来帮助记忆的。

○ 用相机或手机拍照，回到家，根据照片和记忆整理完成自然笔记。

下面这篇夜游笔记，是复旦大学附属小学郝乐之同学的作品，她正是运用上面的方法创作完成的。

是不是随便什么人都可以去公园里"夜游"？那可不行。这是因为：

○ "夜游"必须经过公园管理部门的批准。

○ "夜游"必须有专业导游带队。到了夜晚，公园里会变得非常黑暗，如果没有导游带路，游客极有可能发生坠河、迷路等危险。而且，跟着经验丰富的导游，才有机会"邂逅"更多的夜精灵。

公园里的"恐怖"事件

大自然学堂里的学员，如果经验不足却又自以为是，那么，即使是去公园玩耍，也可能会遇到种种潜在的危险。

那是国庆长假中的一天，难得晴空如洗，阳光澄澈，朋友丽华、正运加上永林和我，几个人一起到滨江森林公园游玩。

这个季节，江南的秋天尚未真正到来，尽管虫虫们的狂欢派对已进入尾声，但依旧能感受到那场面的欢快与热烈。凤蝶急匆匆地从头顶掠过，似乎要赶在秋寒之前，寻找一位心仪的舞伴，继续热舞一番。"瞧，樟青凤蝶，还有，那边的，玉带凤蝶。"能把在大自然学堂里学到的知识，在朋友和永林学弟面前炫耀，我不免有些得意。

大袋蛾把它的护囊藏在树叶下面，像一枚长卵形的果实，沉甸甸地垂挂下来。这个精心营造的小屋，做工极为考究：丝线缠裹着枯叶，枯叶上又装饰着木棍。如若不细心观察，鸟儿和其他天敌，一定会把它认作是树木的一部分。但是，这显然也没能逃过我的"火眼金睛"。你看，要不是我及时阻拦，永林学弟和朋友可真要被吓一大跳了。永林竟然以为这是一小截树皮，如果等他撕开护囊，那黑乎乎、肉嘟嘟的虫子就要掉到他手心里了！

江堤边的臭椿林，灰白色的树干衬着黄绿斑驳的叶片，显得格外清新动人。林中刚翻过土，蓬松的土壤被太阳一晒，变得像粉尘一般。等走到臭椿树前，我们的鞋子上早已覆盖了一层黄土。不过，大自然老师从不忍心让爱玩好学的学生失望，就在树干上，我们发现了漂亮的斑衣蜡蝉。以前，这种色彩艳丽的昆虫，我也只在图鉴上见过，今天猛然邂逅，我都有点儿不敢相信自己的好运气了。

发现有人靠近，蜡蝉们四散奔逃，速度之快，让人看得直起鸡皮疙瘩。丽华

女贞叶上的尺蛾？
翅展约 17mm.

樟树皮上的寿蛾？
体长约 20mm, 足有长毛.

大袋蛾的护囊.
长约 33mm.

樟青凤蝶
在湿泥上吸取矿物质

三带凤蝶（雌）
翅展约 80mm, 从头上飞过

斑衣蜡蝉. 成虫
三两结队栖在椿树皮上

"斑衣"五彩缤纷.
不喜飞, 善跳跃
在树皮上爬得很快

雄虫

长约 22mm

很好的保护色

斐豹蛱蝶（雄）？

飞得太快了, 看不太清楚
回家根据蝴蝶图鉴进行辨识, 并且补画.

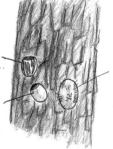

表面有
彩陶纹

灰白色
较光滑

表面蜇毛
刺, 刺入皮
肤极痛, 内
有发育的蛹.

刺蛾茧.

滨江森林公园（一）

10月3日. 上午.
多云. 16℃~24℃.

听见: 不多的蝉鸣. 棕背伯劳的叫声.
闻到: 桂花的幽香.

是位都市淑女，骨子里远没有我这般野性，可就在此时，她却以迅雷不及掩耳之势，用手指猛地夹起一只肥壮的蜡蝉。呵，指头所在恰到好处，刚刚卡在蜡蝉的两腋。这蜡蝉必是大为恼怒，悬在空中的大腿，没命地乱蹬，翅膀张开，用力扑腾。后翅展开的一刹那，永林学弟吓了一跳。"没毒吧？"他脱口喊道。可不是吗，那鲜红的颜色，就像血一样。丽华听了，赶紧把虫子放到树干上。这家伙却并不急着飞走，而是像腿上装了弹簧似的，在树皮上蹦跳，姿势十分诡异。"应该没毒吧！"我弱弱地答道，其实心里一点儿底儿都没有，因为图鉴上似乎根本没提这档子事。

无论如何，到目前为止，一切似乎都还在我的掌控之中。长脚盲蛛成群结队，在树皮"公路"上穿梭；桂花舒展开细碎的花瓣，把花香四处撒播；而我依旧像

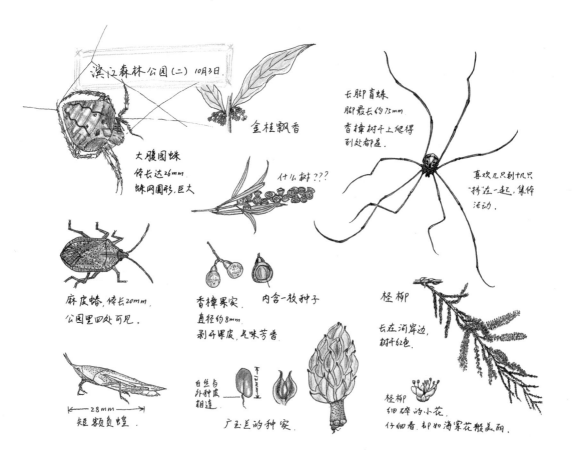

滨江森林公园（二）10月3日

金桂飘香

什么树???

长脚盲蛛
脚最长约75mm
香樟树干上爬得
到处都是

喜欢几只到十几只
挤在一起，集体
活动

大腹园蛛
体长达26mm
蛛网圆形，巨大

麻皮蝽，体长20mm
公园里四处可见。

香樟果实
直径约8mm
剥开果皮，气味芳香

内含一枚种子

柽柳
长在河岸边，
树干红色。

白丝与
外种皮
相连

广玉兰的种实

柽柳
细碎的小花
仔细看，都如海棠花般美丽

←—28mm—→
短额负蝗

个专家一样，带着朋友和学弟到处探秘。然而很快，惨剧就发生了……

在上海，再没有哪种树比香樟更常见。或许是植被过于单一的原因，香樟树总是很招虫，这不，香樟树皮上"长"满了"彩陶罐"，毫无疑问，那是大自然建筑师黄刺蛾的茧壳。"黄刺蛾幼虫身上长有毒刺，可得留神。要是不小心碰到，会引起严重的过敏反应。"我仍然是一副专家的口吻，"不过，虫茧是没有什么危险的。"说着，我自信满满地用手指去掰树皮上的茧壳。

咦，眼前的这一只好奇怪，模样和其他的有点儿不一样。它的茧盖尚未揭开，外表也没有褐色的条纹，形状也更扁平一些。难道是一只"长变形"的黄刺蛾茧？里面是否藏着一只正准备羽化的虫子？在好奇心的驱使下，我毫不迟疑地用手指把它掰下来，并捏开了茧壳。壳里早已没了生命的迹象，只剩下一个发了霉的虫蛹。

忽然，我的手指感到一阵剧烈刺痛，像被火焰炙烤，又像被刀刃划过。我赶紧把茧壳丢掉，但一切已为时过晚……仔细观察这枚虫茧我才发现，上面密布着黑色、纤细的毛刺，正是它们刺进了我的肌肤。后来，好几周过去，痛楚逐渐消失，手指才终于恢复正常。

2015年10月18日，秋高气爽，
18℃～25℃闸北大宁灵石公园
丽绿刺蛾的幼虫，这个季节四处
都是，准备结茧了！

木绣球
熟透的黑果实甜甜的软软的。

初秋，地面上常常能见到丽绿刺蛾的老熟幼虫，它们在
寻找结茧化蛹的理想场所

护珠塔边的一株老树上，碧叶抖动，
散只绣眼鸟雀跃穿梭，
嘤嘤啼叫

东门附近，香樟树
下不敢久立，地上
的丽绿刺蛾幼虫让
人又爱又怕。

护珠塔
建于北宋
1079年，高
20多米，斜6.5°

极小的
异色瓢虫，
树枝间听闻
寒蝉凄切

谁的宝宝
浑身是
刺？
徘徊在
落叶草丛中

缺了一条后足
冷杉树叶上的蜘蛛

重阳登天马山
2014年10月2日，农历九月初九
处处的风景区都人山人海，唯有天马山
人迹寥寥，因而得以闻鸟声听虫鸣。

在上海，丽绿刺蛾的分布极广。做茧时节，老熟幼虫会从树上爬落或掉落地面，站在树下可得当心才行！

很久以后，读到一篇关于刺蛾的论文，我恍然大悟。原来，那个浑身是刺的蛾茧，并非来自黄刺蛾，也绝不是"长得变了形"，而是另一种毛虫的"小屋"。这种毛虫名叫丽绿刺蛾，毒性很强，它做茧的时候，会有意将毒刺堆砌在茧壳的表面，用来抵御天敌。尽管我的自然笔记里，记录到很多次与丽绿刺蛾幼虫相遇的情景，但直到现在，我才真正对它们的习性有了些微的了解。

　　瞧，在大自然老师面前，我是多么无知与稚嫩啊！如若还像上次那样盲目自信的话，我估计，即使是在身边的小公园里，"恐怖"事件也会继续发生。其实，即使到了今天，天地万物的博大精深仍然是人类所无法想象的，自然界有太多的奥秘需要我们去探知，其中各种事物间的关联也需要我们不断去发掘。人类不可能成为大自然的主宰，我们应当对她永存敬畏之心。

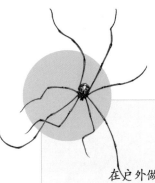

在户外做自然观察和记录时，避免遇上"恐怖"事件的正确做法：

○ 不品尝不认识的植物和蘑菇，不用触碰过它们的手指去接触食物。

○ 不品尝可能被喷过农药的水果。

○ 不触摸不了解的动物或它们的遗留物。

○ 不触摸动物的尸体。

○ 接触长有棘刺或易引起过敏反应的生物，应格外小心。

Part 2

古怪的邻居和莽撞的客人

　　天哪，深更半夜的，进屋难道不要敲门吗？而且还这么不小心，一脚踩在了我的脸上，哦，不，是六只长着小钩刺的脚一起摁在我脸上，真是痒死了……

　　和这样一群古怪而莽撞的家伙交往，没点儿幽默感是不行的，不过，有了它们的陪伴，日子永远不会单调乏味。

夏夜里的不速之客

暑假到了，姐姐带着外甥女来上海度假，因为周末要陪她们去逛南京路和参观世博园，我就没时间去公园做自然笔记了。不过，我很快发现，夏天的夜晚，家里也可以成为开展自然观察的好地方。

我家住在高高的二十五层楼上，因为阳台没封，家里也不安纱窗，夏夜就不时有昆虫飞进来。夏至这天，夜晚十分闷热，我推开窗户透气，突然有几只小飞虫闯了进来。它们先是绕着节能灯转圈，接着就落到了墙壁和书桌上。凑近一看，竟然是白蚁。数了数，整整11只！就在我出神的时候，书桌上的白蚁开始脱落翅膀。哎呀，不得了，这是要开始配对交尾，然后找地方筑巢了。白蚁可是个厉害的家伙，一旦它们在房间里筑巢，就会啃噬建筑材料，对房屋造成极大危害。我可不想与这样一群"破坏分子"为邻，于是拿起电蚊拍，毫不犹豫地将它们一只只"电杀"，并且把它们的残骸"请"出房间。

虽然人类大多不喜欢跟白蚁做"邻居"，但在大自然老师眼里，白蚁也是她心爱的孩

← 3mm →

6月份，家里的米袋子里生出了米虫。

← 1cm →

日本弓背蚁？
6月初发现于阳台的角落里，身体已经干硬了。

↑ 5mm ↓

飞虱？

7月7日，27℃~35℃，小暑。
一只体态轻盈的小飞虫被灯光吸引来到家里。翻转身体，下颌鹅黄色。

弯胫粉甲?

6月28日晚，降雨毕，永林自外入，衣裸上带回一只黑甲虫，鞘翅扁平，没有光泽。2.8cm。

6月29日，白天大雨，傍晚天晴了，闷热，28℃。晚饭后一只甲虫闯入室内，灯光下怡然自得，光亮的甲壳熠熠生辉。

|←0.8cm→|

|←0.8cm→|

6月21日。夏至。
晚上9:40. 25℃左右。
屋里飞入11只白蚁，预报今日大雨，但天气多云。广西等地60年以来的最大降雨。上海6月10日入夏，6月19日入梅。

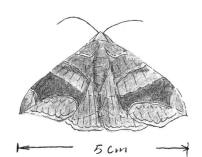

|← 5cm →|

霁中夜蛾。

7月13日晚。25℃左右。白天最高温30℃。上下午均有阵雨。天气较潮湿。一只大蚊栖于墙上，一只霁中夜蛾在屋里扑飞。

草蛉
体长约1cm

6月初，一只美丽的草蛉频频光顾我家，翠绿色的身体在白墙的映衬下，格外动人。

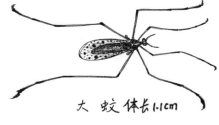

大蚊 体长1.1cm

子之一呢。在自然界，尤其在大森林里，如果没有这些爱啃食坚硬木材、性情古怪的小家伙，森林里倒下的大树就不能完成分解，转换成营养物质，重返自然循环系统。所以，尽管在家里我不喜欢它们，但到了野外，我仍然会像尊重大自然老师一样尊重它们。

除了蚊子、白蚁这类给我们添麻烦的小昆虫外，家里也常有漂亮的草蛉、飞蛾和甲壳虫来"做客"。翠绿色的草蛉像安静的小精灵，悄无声息地歇落在白墙上，

门氏食蚜蝇

← 7mm →

2011年初夏
5月13日夜 8:00
多云，17℃~27℃
家里的节能灯
又开始吸引各
种各样的小蚊
虫了。

5月15日晚，电饭锅
里发现一只衣鱼，约
15mm。

今夜光顾的
昆虫里多为食蚜
蝇，约为8只，其
中3只较大，15mm
左右，去年似乎
并未见如此多的
食蚜蝇。

寄生蜂？

← 6.5mm →

← 8.5mm →

5月22日夜，小雨。
家里飞来的一只小蛾，
漂亮的翅尾。
气温骤降，17℃左右。

大灰食蚜蝇

体长约7mm

5月14日凌晨，一只
库蚊把我的眼皮
咬肿了，这是今年
第一只咬人的蚊子。

5月29日7:30，家中白墙上
的一只叶蜂，灯光下闪
烁着蓝色的光。

白蚁

5月26日晚7:30，阴，20℃左右，楼门口过道里，一只黄色的鳃金龟翻倒在地板上爬不起来，来弱而顽张。鞘翅很短，露出肥胖的腹部，像穿了件不合体的短马甲。今夜听到了窗外的两声蛙鸣。

6月10日晚，暴雨后凉爽下来，22℃左右。家里飞来一只白蚁和樟翠尺蛾。

6月1日晚9:00，27℃左右，多云，灯光吸引了一只夜蛾，扑簌簌地飞。体长25mm，很肥的腹，歇落在墙上，灯光映出红宝石般的眼。

樟翠尺蛾（雌）
翅展约35mm，触角丝状。翻过来腹面黄白色。

偶尔绕着灯泡飞上两圈，就又默默地躲进某个角落。樟翠尺蛾飞进家时，我们像追"星"族一样，抓起相机疯狂拍照。只见它扇动着绿纱一样的翅膀，绕着灯泡翩翩起舞，仿佛是一位舞蹈表演艺术家。演出结束，舞者端庄地歇落在墙壁上，我用手指碰碰它的前足，没想到，这位"明星"给足了面子，挪动六只小脚爬到我的手心里，久久不肯离去。我第一次发现，飞蛾居然会像螃蟹那样横着爬行，我猜，这样走路可能更省力吧！

　　一个雨后闷热的傍晚，永林下班回家，衣襟上竟然藏着一位"偷渡客"。我早就说过，大自然老师对永林格外宠爱，这只可爱的小甲虫一定是她悄悄放上去的，多么有趣而别致的夏日礼物啊！小甲虫有着细长的黑色甲壳，一对小眼睛在节能灯下闪着柔和的光。也许是得到了灯光的召唤，小家伙开始在衣服上爬来爬去。呵，也想来参加我们家的"灯火晚会"吗？我们轻轻把它放到阳台上。早上起来，小甲虫已经远走高飞，不知去向了。

　　要说谁是家里最常见的客人，那就非鳃金龟莫属了。这些帅气的甲壳虫，有

谁像谁？

总是把墙角的黑色甲虫误作一粒西瓜籽，有时又把西瓜籽错看成了甲虫。

具体种名不详
体长约10mm
光亮的鞘翅
今年飞到家里的比去年少得多

今年市场上的西瓜多是有黑籽的。

← 9mm →
西瓜籽

黑绒鳃金龟
体长约10mm 鞘翅如天鹅绒般。
不论是活的还是死的，都像极了黑色的西瓜籽。

← 11mm →

← 10mm →

8月14日，农历七月半。
早上下了阵雨，中午气温又到了35℃。
家中的墙角里捡到两只死去的小蛾。

赞美生命，
虽然有的生命如此短暂且脆弱！

的上了图鉴，能够顺利查出它们的身份，比如黑绒鳃金龟；有的却始终搞不清它们的来历，成了我们最熟悉的"神秘客人"。这些小甲虫个头不大，而且穿着"黑外套"，当它们蜷缩在角落里时，我们常以为那是掉落在地上的西瓜籽，等到用手拾起，才知道上了当。

小甲虫们尽管都穿"黑外套"，但这"衣服"的材质却大为不同。黑绒鳃金龟的"外套"，从头到尾仿佛都是用天鹅绒剪裁，看上去十分奢华；而"神秘客"的"外套"，仿佛是用打过蜡的皮革裁剪出来的，在灯光下熠熠生辉。夜里熄了灯，正酣睡中，偶尔会有小甲虫落到脸上，吓人一跳。我的本能反应是，一手把它从脸上扯下来，"啪"的一声丢到地上。到了早上起来寻找，却遍寻不到这个冒失鬼。恶作剧是谁干的，最终也没能弄明白。

夜晚来做客的小昆虫可真多，为什么它们喜欢飞到家里来呢？有科学家认为，这源于夜行性昆虫的趋光本能。亿万年来，昆虫们进化出了一项特别的本领，在大自然里，它们只要始终将月亮放在身体的一侧，就可以直飞而不会偏离航向。

然而，昆虫们却无法区分月亮和人造光源的不同，它们会尝试着把这个"月亮"放在身体的一侧，努力向前飞行。这个时候，我们就会看到，小昆虫们朝着灯光赶过来，就像是来参加"灯火晚会"一样。紧接着，另一个"奇观"也随之而来。人造光源并不像月亮那样遥远，灯泡与飞行中的昆虫往往仅隔数米。当昆虫急速前进时，"月亮"很快被它甩在身后，这时，昆虫以为是自己偏离了航向，于是调过头来，继续让"月亮"保持在自己身体的同侧，希望能保持直行。悲哀的是，"月亮"倒的确保持在了昆虫身体的同一侧，但小飞虫们却并未直行，而是一直围着灯泡打转，直至最终撞了上去。成语"飞蛾扑火"，描述的也正是这个自然现象。

一想到过会儿我们睡觉了，家里熄了灯，这些小昆虫又要失魂落魄地开始一段新的旅程，我便有了一丝淡淡的感伤。我希望，在这个闪烁着无数灯火的"不夜城"里，它们最终能够找寻到正确的方向，邂逅亲密的伴侣。

如果家里安装了纱门纱窗，小昆虫飞不进来，怎么做自然观察呢？不要紧，夏天的晚上，你可以到小区里去寻找它们：

○ 找一盏路灯，它要离楼房远一点儿，最好靠近草坪或小树林，小昆虫们喜欢围着灯泡开"露天舞会"。

○ 找一盏地灯，它一般在草地或小树林边上，地灯装有透明玻璃，小昆虫们喜欢萦绕或停歇在这块玻璃上，这时，你就可以近距离地观察它们了。

试试看，在暑假里，你能用自然笔记的方式记录到多少种夜行性昆虫？

家有阿虫

大约两周前，单位的园丁从花坛里清理出几株植物，丢进垃圾箱里。它们长着大大的倒卵形叶片，很像八仙花。"多可惜呀！"一开始，我为它们感到十分惋惜，不过，很快又高兴起来："这么好的花儿，你们不要，我要！"

于是，我把它们从垃圾箱里拣出来，拎回办公室，准备下班时带回家。到了屋里仔细观看，这才发现，原来，它们并非八仙花。叶子正面长满细毛，嫩叶的背面呈紫红色，全株有浓郁的芳香。尽管不是八仙花，却并没有影响我对它们的喜爱，就这样，家里多了几株不知名的植物。后来，有热心网友告诉我，这种植物名叫"紫苏"，是一种著名的香草植物。

过了几天，婆婆对我说，奇怪呀，叶子怎么一天天变少了，而且上面尽是洞洞，地上还有好多黑色的小圆蛋蛋。永林说，那天看到一只麻雀落在上面，一定是它啄的。有婆婆照顾花花草草，我一百个放心，根本没把这事放在心上。

6月29日早上，我正吃饭，婆婆突然在阳台上大叫："咦，好大一条虫！"谜底揭开了，原来，紫苏叶子上的洞洞，正是青虫啃食的痕迹，那些黑色的小圆蛋蛋，是青虫的便便。

这青虫好"笨"，本来就不多的叶子被它从叶柄处咬断，垂挂下来，枯萎了好几片。永林开玩笑说："这么笨的虫，捏死算了！"原本我也以为这虫实在不够聪明，直到几年之后，读到一篇文章才完全扭转了看法。原来，在大自然中，小青虫有许多天敌，比如小鸟和胡蜂。这些食虫动物进化出了一套高超的"追踪"本领，根据叶片上的蚕食痕迹，就可以追踪到猎物，并把它们吃掉。因此，即将化蛹的小虫，就会将啃食过的叶片从叶柄处咬断，以隐匿踪迹，平安化蛹。咬断叶片，这看似"愚笨"的行为，却正是青虫生存智慧的体现。

叶背面.
紫红.无毛.

虫便.
黑圆.3mm

早上7:00.
叶子背面3条青虫
边走边吃.体长
约3cm.

6月29日.晴.最高温31℃.
家中阳台花盆.
大叶有芳香
气的植物.
两周前从
永福路带回
下午5:30,3条
青虫都已开始吐丝
结茧,纵横丝极韧,
风吹不破.

能有一只小青虫到家里做客，我们既感到惊奇又觉得有趣，于是给小虫取了名，叫作"阿虫"。

到了单位，我依然免不了有点儿担心，紫苏的叶子不多了，阿虫能吃到化蛹吗？就在这时，永林打来电话：又发现一条。等我下班回到家里，虫子居然成了三条。不过，这时我一点儿也不担心了，因为它们已经停止进食，开始吐丝，把叶子连缀起来，准备作茧化蛹了。婆婆说："真有意思，中午的时候还爬来爬去忙着吃呢！"

最神奇的是，阿虫们的生物钟如此一致，它们一起蠕动，一起吐丝做茧。因为我要上班，婆婆就担负起记录阿虫们化蛹及羽化的全过程。

然而，虫的命真小！6月30日早上，就在发现阿虫们开始吐丝的第二天，翻起叶子来看，我惊呆了，有两条虫已命归黄泉。我不知道出了什么事情，就在头一天夜里，浑身碧绿的它们还在辛勤地吐丝织茧，可现在虽然依旧保持着一副昂头吐丝的状态，但身体却变成了土黄色，并且僵如顽石。我想，可怜的阿虫们一定是被真菌寄生了，而那大概非常痛苦吧！

虫虫的命虽小，智慧却很大。唯一活着的阿虫，躲在最靠近紫苏根部的叶片下，经历了被真菌寄生的危险之后，成功化蛹。6月29日夜，阿虫用腹足和臀足把

6月29日. 晴.最高温31℃

6月29日. 下午

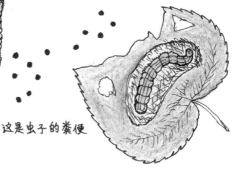

这是虫子的粪便

阳台放的一盆花,每天叶子上咬个大洞,一天比一天
厉害。以为是麻雀咬的,又看不象麻雀咬的,早上起
来一看咬得更厉害了,把整个叶子吃掉了。我就一片
一片翻着看叶子,观一只虫子,9点多一看 把一片叶子又快
吃掉了。详细看又有一只,下午6点来钟看还有一只。

3只虫子已开始吐丝织茧,把一盆花
的叶子咬得没有个完整的叶子了。

7月2日,晴. 37.7℃.

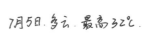

6月30日,多云. 33℃

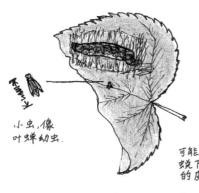

只有1.只虫变成了
绿色的蛹.

侧面　　　正面

虫蛹会扭动. 长出褐色斑.

小虫,像
叶蝉幼虫。

可能是
蜕下
的皮

7月5日,多云. 最高32℃.

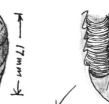

虫蛹
变短
变硬
不动了.

2只虫,早上看它已经死了,没有成蛹,
在它旁边有个小虫。死掉的虫变得又黄又硬。

7月7日. 晴,小暑. 27℃～37.9℃.

丝网变成了一整张膜,分不出纵横丝线了,上下端
开口变得圆润,可能是为成虫钻出做准备.

叶面背后只剩下丝茧裹着的蛹壳.不知何时,虫已羽化而去.
只剩下淡黄色的蛹壳。

上端开口,长17mm.

阿虫的蛹太小了,婆婆眼神不好,最后由我协助婆婆完成了对虫蛹的记录

自己钩挂在叶子背面，昂起头，吐出丝线，将身体两侧的叶面连接起来，当丝线拉紧时，叶子的背面自然形成了一个凹槽，阿虫就躲在里面。起先，它斜斜地、密密地在自己身体上方织就一层丝网，然后，扭过头，换一个角度，再密密地织就第二层。两层网重叠，就构成了一张舒适的"弹簧床"，阿虫就躺在里面，以叶为被，把网当床，开始了它的化蛹过程。6月30日早上，在那层薄薄的丝网后，我看到一只碧绿色的精致虫蛹，在蛹尾端的不远处，有一小团干燥的白色物质，那是化蛹期间阿虫蜕下的皮。

这只碧绿的虫蛹是如此胆小，当我轻轻地翻动叶片时，它会使劲儿地扭动，像一个耍泼的孩子。过了两天，虫蛹的背部出现了棕色的条纹，触角部分也变成了红褐色，好像长了两条弯弯的眉。受到惊扰，它依旧不高兴地扭动着，然而我却很开心，这至少说明阿虫还活着。

为了一睹阿虫羽化后的真容，婆婆做了一个漂亮的纱网罩，把整株紫苏都笼罩起来，唯有花盆近地面的部分没有封闭。我们想，变成蛾子的阿虫应该是不会向下飞的。许多次，我的心头浮现出放飞漂亮阿虫时的美好情境。7月5日，又一次去看虫蛹，蛹已经完全变成了棕褐色，这一次，它没有扭动。夜里，我做了一个梦，在并不清晰的梦境中，阿虫羽化飞走了。惊醒时，满头是汗。7月7日，我正在上班，永林从家里打来电话：不知什么时候，阿虫的蛹已经空了。

阿虫的告别很独特，它留给我们一个永远未解的谜。

我想，它是告过别的，应该就在那个暑热的梦里。

不论怎样，愿那只并不属于任何人的阿虫，在一个新的地方，继续演绎它的生命传奇……

16℃～25℃ 多云　　　2011年 9月22日

　　这棵紫苏是我们媳妇从她们单位移回来的。拿回来它的叶子都蔫了，我把它栽到塑料罐里，过了几天，它就缓过来了，长出新的嫩叶子。有一天看见它的叶子上有洞，以为是麻雀鹐了，一天比一天厉害，有的半个叶子都没了，看来不像是麻雀鹐的。再一片一片叶子翻着看，才看见是虫咬了。后来虫子成了蛹。

　　它慢慢又长出好多嫩叶子，过了一个多月，看见它叶子又发黄了，一天比一天黄，媳妇说怎么紫苏叶子又黄了。她看叶子背面有红蜘蛛，第二天去花店买的打虫药，给喷，没喷死又买了些药，第二次把药放在水盆里，把紫苏放在盆里泡了有两三分钟。看不见红蜘蛛了，紫苏叶子发了黑，慢慢又缓了过来，达两天开花了，挺好看。

淡紫色

说起来，紫苏也是我请回家的"客人"呢。因为在它上面发生了
太多有趣的故事，婆婆后来专门为紫苏做了篇自然笔记。瞧，婆
婆笔下的紫苏多美呀！

如何用自然笔记做"虫虫饲养日志"？这里有一些小建议，希望对你能有所帮助：

○ 注意观察虫虫身体结构的变化，比如大小、形状、颜色及蜕皮情况等。

○ 注意观察虫虫的食量、粪便的变化情况。

○ 注意观察虫虫对环境和外部刺激的反应，比如用手触摸，它们会有什么反应。

○ 利用多感官进行观察，比如虫虫的气味、发出的声音、皮肤的质感等等。

○ 尤其注意记录那些在以往资料上没有的信息，它们不但可以让我们的笔记内容与众不同，而且是宝贵的第一手科学研究资料。

○ 自然笔记可以是一篇，也可以是一个系列。

下面的这篇自然笔记，是我的蝴蝶蛹观察日志。如果你正在饲养蚕宝宝或其他虫虫"客人"，也来做一篇"虫虫饲养日志"吧！

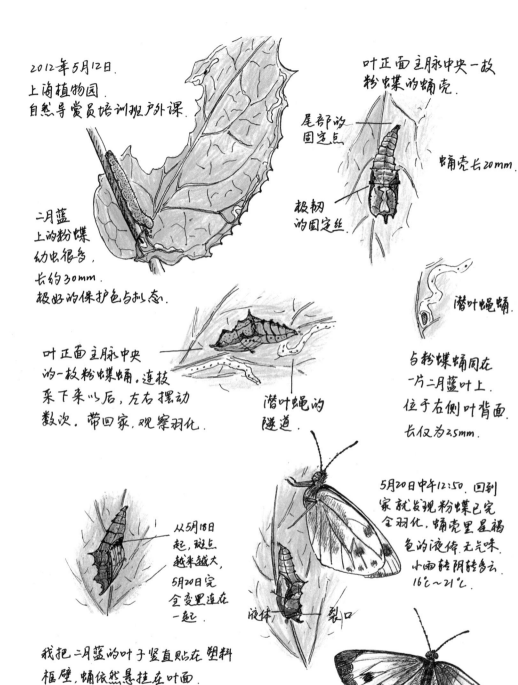

2012年5月12日.
上海植物园.
自然导赏员培训班户外课.

二月蓝
上的粉蝶
幼虫很多.
长约30mm.
极好的保护色与拟态.

叶正面主脉中央
的一枚粉蝶蛹。连枝
采下来以后，左右摆动
数次. 带回家. 观察羽化.

叶正面主脉中央一枚
粉蝶的蛹壳.

尾部的
固定点

极韧
的固定丝.

蛹壳长20mm

潜叶蝇蛹

潜叶蝇的
隧道.

与粉蝶蛹同在
一片二月蓝叶上.
位于右侧叶背面.
长仅为25mm.

从5月18日
起，斑点
越来越大,
5月20日完
全变黑连在
一起.

5月20日中午12:50. 回到
家就发现粉蝶已完
全羽化. 蛹壳里是褐
色的液体. 无气味.
小雨转阴转多云
16℃～21℃.

液体 —— 裂口

我把二月蓝的叶子竖直贴在 塑料
框壁，蛹依然悬挂在叶面.
5月20日上午11:00多，记录完上面
的蝶蛹后，我和永林出了门.

翅展52mm
下午4:00放飞.
飞得极高. 消失在天空.

东方菜粉蝶羽化

蝉妞羽化记

　　和大自然学堂里的其他同学一样，我虽然贪玩，但也很热爱学习，遇到不了解的动植物，总会通过图书或网络资料，弄清它们的来历或生活习性。不过，有的时候，自己没去仔细观察，把了解到的知识当作了真理，可就要犯大错误了。故事就是从我的一个错误开始⋯⋯

　　那是夏天的一个傍晚，虽说是傍晚，但天光仍旧照耀得大地一片通明。吃过晚饭，婆婆、永林和我到小区绿地散步。

　　池塘边有一株柳树，那是黑蚱蝉的赛歌台。尽管夜幕即将降临，歌手们的兴致却依旧高涨。这许多的歌手，是打哪儿冒出来的？围着柳树干，在泥地上，婆婆和我猫着腰，仔细寻找蝉洞。找着找着，猛一抬眼，树干背光的一侧，一个东西把我吓了一跳：一只蝉从壳里探出小半截身子，像个雕塑似的，一动不动。

　　难道遇上了"金蝉脱壳"？我瞅了瞅天色，阳光挤过楼宇、穿过树枝，斜照在大地上，依然热辣辣、明晃晃。"才不会呢！资料上不是说，蝉都在天黑的时候出壳吗？"我心里想着，于是冲着婆婆和永林大叫："喂，快来看，这里有一只死蝉！昨晚出壳时死掉的。"一边说，一边伸出手，把蝉连同蝉蜕一起从树皮上扯下来。

　　就在将它扯落之时，手指间的蝉蜕突然颤动起来。天呀，它竟然是活的！一紧张，我几乎松开手指将它跌落到地上。婆婆和永林聚了过来，我此时既尴尬又愧疚：唉，这蝉不是死了，而是正在出壳！

　　这时，我又想起，曾经看到过一个资料，上面说，蝉羽化时要是受到惊扰，翅膀就会变成畸形，而无法飞向蓝天。这下可坏了，该怎么办才好？这时，手指间的颤动一阵紧似一阵。永林建议，赶紧把蝉蜕重新挂回树干上去。我试了又试，

出壳完毕，身体90°翻转。

关键时刻一：蝉出壳。

正确姿势：壳保持垂直于地面；
　　　　　　正在脱出的蝉体平行于
　　　　　　地面，直到完全脱出。

双道竖状隆起，雌性。

幼蝉腹部

产卵管

羽化中

羽化完成

7月16日.18:20.

延长路小区一棵柳树的背光侧。
晴，30℃左右，太阳西照，天还大亮着，一只雌蝉正在出壳。

蝉翅.
7月16日.18:20.

18:40.

21:00
极软，可折

7月17日凌晨3:00.
硬而挺

双前足极有力，可以将身体悬挂数小时。

腹部起先较臃长，随着羽化，慢慢缩短而坚实。

7月17日下午6:00，随着一只雄蝉的到来，雌蝉受惊，从米兰树上跌落下来，旋即飞走了。

雄蝉开始在米兰上愉快地吮吸树汁。

关键时刻二：羽化（向翅膀输送体液）

正确姿势：身体必须保持与地面垂直。

但不管怎么弄，蝉蜕的脚爪都钩不住树皮了。我只好伸着胳膊，极别扭地用手指把蝉蜕按到树皮上，模拟它的自然状态。但是，这个姿势实在累人，永林和婆婆也只得加入进来，三人交替进行。大约过了十分钟，天色渐暗，蝉终于把大半个身子探了出来，向后一仰，整个躯体与地面呈平行状。看到它向后仰，我可捏了一把汗。这么重的身体，要是一下子从壳里脱出来，跌在地上可就糟糕了。后来，朋友周斌老师告诉我，那根本就是不必要的担心，因为蝉壳和蝉体之间有"保险索"，可以为"金蝉出壳"一路保驾护航！

在我们急切地盼着羽化完成的时候，蝉居然"罢工"了，又一动不动。过了几分钟，天边的最后一抹阳光消失在了暮色中，蚊子扑过来，嗡嗡怪叫，简直要

空中杂技和保险索

终于观察到了蝉出壳时的"保险索"！

几条白丝连接着柔嫩的蝉体和外壳的内壁

白丝用红笔勾勒，以示凸出。左右两侧的保险索对称

随着蝉体从壳中慢慢钻出，保险索一根根断裂，直至蝉最后180°翻转，抓住蝉壳与地面垂直时，身体两侧的保险索才最终断裂。白丝见风就变得干而脆，似乎一着力，便可使之断裂。

2017年7月4日，阴，26~33℃，下午5:20。闸北公园的水泥路上，一只即将羽化的蝉妞无头无脑地乱爬，于是我请她回家，挂在一叶萩树上，开始羽化！

刮开蝉壳，可见9对腺点，连着9对白丝。

腺点左右对称分布，腺点用红线圈出。

位于腹部，较细的白丝，数条拧成股。

较粗的白丝，位于胸部，单独成为1股，与蝉体胸部连接。

有保险, 无危险!

断裂的
保险索

最后1对
连接着.

直至身体180°翻转,
体侧的两条保险索才断裂.
从而保证了蝉体不坠落.

当我再一次观察蝉出壳时, 终于
目睹了"保险索"的运作方式。
而所有这些细节, 在我能够查阅
到的图书和网络资料里, 没有任
何记载

把我们吃了。实在忍受不住蚊子的叮咬, 我们只好打道回府。

　　握着蝉蜕的前足, 使它尽量与地面保持垂直, 我一步一挪, 慢慢朝前走, 终于带着这位尊贵的"客人"平安地回到家。进了门, 我把蝉蜕轻轻贴到墙上的飞镖盘上, 叫永林拿一支钢针来固定住。永林正要动手, 这只胖胖的蝉却一个90度大翻转, 用前足紧紧抱住永林的手指, 将尾部整个脱了出来。真是个巨肥的家伙! 臃肿的身体真不知是怎么挤在那么个小小的壳中的。就这样, 我们拥有了一次奇妙的体验: 一只蝉在手指间出壳了!

　　蝉挣脱了蝉壳, 慌乱地在永林的手上乱爬。然而, 比它更慌乱的是我们, 眼见它的翅膀正在膨大, 接下来我们又该怎么做呢? 片刻的慌乱之后, 永林做出了事后被证明是最正确的决定: 把蝉放到花盆里的米兰树上, 听凭它的选择。

　　来到米兰树上, 蝉快速地爬动了一会儿之后, 就用前足把自己钩挂在树枝上, 静止下来。原来, 垂直于地面正是它所需要的羽化姿势, 这样体液就能够顺畅地往下流, 一直输送到翅膀的末梢。看到蝉的翅膀一点点舒展开来, 我们都欣慰极了。偷看了一眼蝉的腹部, 嘿, 是一只雌性, 可爱的蝉妞! 蝉妞用它的坚韧和勇

米兰

7月29日. 星期四.
晚上下起了雷阵雨.
阳台上的米兰被风吹得
一摇一摇,但从未嗅到过
它的香味儿. 米兰花瓣
极小,甚至只有米粒的½大,
呈五瓣碎状. 浅黄色的花瓣和
嫩绿的茎和叶片. 大家都
说米兰只有在早上才会散
发淡淡的清香。

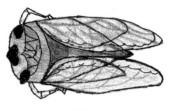

蝉

大大的眼睛,桃心形少的嘴.
蝉翼又薄又透明,每一侧各
有大小不一的翅膀,上有
花纹. 蝉的头是黑色. 浑身
有细细的金黄绒毛.

芮吉祥同学记录下了我家阳台上的米兰花。她笔记中的蝉,和我记录的蝉一样,也是黑蚱蝉,个头很大,体形肥胖

气弥补了我的过失,真是一只"蝉坚强"!

晚上我有点儿不放心,去看它,发现它掉到了地上,可能是前足没有抓牢,于是我帮它重新回到树上。凌晨三点又去看,它的全身已经变成了灰褐色。

第二天,我去科技馆湿地参加志愿者活动,指导老师捉了一只雄蝉给小朋友做生物观察。雄蝉的大发音器简直像两面大鼓,手一碰就"吱吱"大叫。下午活动结束,这只倒霉的雄蝉已经被折腾得筋疲力尽。大家说,放了吧,我却存了个私心:不如带回家给蝉妞做男朋友,也好让我"将功补过"!

回到家,婆婆说,蝉妞一直赖在米兰树上不肯飞走。刚好,我可以把雄蝉拿去"献"给蝉妞了。然而,最最让人意想不到的事情发生了:蝉妞看到雄蝉就像见了鬼,吓得一个跟头栽下来,从树枝上跌落到花盆里。我赶紧把雄蝉也捉进花

雌 性　　　　　　　雄 性

蝉蛹

尾端有两小竖，　　　　尾端无竖条，
产卵管所着生处。　　　　肛门处的突起略大。

成虫

　　　　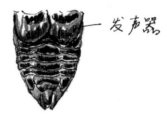
—— 产卵管　　　　　　—— 发声器

无发声器，有产卵管　　　　有发声器，肛门可张大。

黑蚱蝉雌雄分别

盆里，它倒是不客气，冲着蝉妞就爬了过去。蝉妞吓得转身就逃，猛地飞了起来——这可是它第一次飞行呀！蝉妞飞得不高，"咚"的一声，撞在了玻璃墙上，摔到地板上。我和婆婆正要去拾，蝉妞却一骨碌爬起来，稳稳地飞走了……

　　接下来的故事可有点儿荒诞。雄蝉没追求到异性也不气馁，呼哧呼哧就上了树。话说回来，谁饿了一天还有心情气馁？它抱着一根树枝就把长喙刺了进去。永林回来，米兰树上上演了一场大变"活蝉"——一只雌蝉变成了一只雄蝉！

　　第二天一早，米兰上的雄蝉还在那儿得意地吮吸，没想到，我居然请了个"吃货"回家！二话不说，我使劲儿弹了弹它的背，希望它把喙从树枝里拔出来，可它却毫不理睬。永林使劲儿拉它，终于迫使它拔出了喙。我们把它放到阳台的铁栏杆上，"呼"的一下，雄蝉飞走了，故事总算有了个圆满的结局。

在自然笔记里，怎样用文字来介绍观察对象？我们的经验是：

○ 不照抄图鉴或网络上的知识性介绍。因为这样做的话，大家写下来的内容都大同小异，完全没有自己独特的思考和见解。而且，说不定，抄下来的内容和当天观察到的实际情况完全对不上号。

○ 把观察到的实际情况，客观、准确地写下来。比如观察对象的大小、习性，与周围环境的关系，等等。

○ 把观察时心里产生的疑问、通过观察得出的结论写下来，即使我们的结论与资料上所说的并不相同。

○ 灵活运用各种信息来源，把它们作为学习和参考的材料，在基于实际观察的基础上，将其转化为自己的知识和语言，再书写到自然笔记里，而不是原封不动地照着抄写下来。

长羽毛的邻居

它们和我不太一样。对我来说，永福路 123 号的漂亮大院只是个工作的地方，而对于这些长羽毛的小家伙来说，却是真正的家。不过，这并不影响我把它们，或者它们把我认作邻居，因为几乎每个工作日的白天我们都会在一起。左邻右舍时间长了，总免不了说点儿家长里短的闲话，于是，我也来念叨念叨邻居们的故事……

小麻雀乞食记

5 月中旬，邻居麻雀家的小宝宝出窝了，院子里一下子炸开了锅。循着急切的"嘎嘎"声望去，总能看到有小麻雀在抖动一身杏黄色的新羽，还有它们张大小嘴时露出的鲜红色喉咙。

这时，小麻雀的身体已经长得和亲鸟差不多大了，飞得也极快，让人很难分辨出天空中哪只是亲鸟，哪只是幼鸟。但是，只要它们一落到地面上或枝梢间，你就能很快分辨出来。因为小雀总是跟在妈妈后面蹦蹦跳跳，一有机会，就张大嘴"嘎嘎嘎"叫，向妈妈乞食。

午后，阳光灿烂，我吃过饭站在办公室窗前张望，几只吵闹的麻雀邻居立刻吸引了我的目光。楼下的水池旁放着一个红色水桶，水桶上架着一只塑料漏盆，午餐后，同事们总爱把吃剩的饭菜倒在这只小盆里。天长日久，鸟儿们掌握了规律，就每天按时来进餐。

院子里的两只麻雀宝宝似乎特别怕人。雀妈妈站在水桶的桶沿上，"嘎——嘎"朝天空呼唤，过了一会儿，才看见一只小雀不知从什么地方飞了下来。但它

乞食的小麻雀

虽然还撒着娇"嘎嘎嘎"
地向妈妈乞食,可飞起来
一点儿也不含糊.

振动着两只小翅膀,
张大小嘴,露出鲜红的喉,
"嘎嘎嘎",急切的样子.

没得吃,
就尝尝树叶
的味吧!

①鸟妈妈把一大块剩菜塞进
小雀的嘴里,可它怎么也咽
不进去,另一只小雀急得浑
身不停地抖动.

②只好再喂给
另一只小雀,好在费
了半天劲儿,总算吃下去了.
其他老雀也跑来围观.

2011年5月24日.下午3:00.
多云,22℃左右.

　　永福路123号门口,抬
头就看见枇杷黄了,缀
满枝头,诱人得很.

　　今年少雨,蜡梅的果实
却结得格外多,太阳晒得
红扑扑的.

单位的剩饭菜
为鸟儿提供了口粮.

并不直接飞到妈妈身边，而是落在二楼阳台的廊柱间探头张望。想必是肚子饿了，小雀侦查了片刻，就站在廊柱间抖动起翅膀、张大嘴，向楼下的妈妈要食吃。但是，雀妈妈并不娇纵它，依旧立在桶沿上，"嘎——嘎"，似乎是鼓励宝宝飞下来一起享用美餐。小雀却依旧保持着高度的警惕，先是飞到阳台另一侧的廊柱间，稍做停歇，再跳到蜡梅树上四处张望，最后才勇敢地落到了地面上。就在这只小雀落地的同时，另一只小雀也不知从什么地方飞落下来。现在，雀妈妈要给两个宝宝喂食了。

小雀急切的叫声真让雀妈妈着急，它飞进漏盆里啄起一大块剩菜，好像是一块西红柿皮，然后回到小雀身边。两只小雀急不可耐地张大嘴，把羽毛抖作一团，拼尽全力向妈妈展示自己的饥饿与健壮。"展示健壮"？没错。你可能还不知道，鸟儿们在野外繁育后代，雏鸟们争食的时候，都要尽可能伸长脖子、张大嘴发出响亮的声音，这是为了向亲鸟展示自己的强壮。通过这种方式，雏鸟想告诉亲鸟，自己比兄弟姐妹的成活概率更大，食物喂给自己，亲鸟的回报率也将最高。瞧，强者生存，弱者淘汰，大自然有时就是这么残酷。不过，我们单位里的麻雀们倒不必为此担忧，剩菜剩饭，还有春天里繁殖的大量昆虫，都将给宝宝们提供充足的口粮，问题只不过是哪只宝宝先吃饱而已。

雀妈妈用尖尖的喙，把剩菜塞进一只小雀的喉咙里，可是没想到，菜却卡住了，无论小雀怎么吞咽，就是下不去。妈妈只好再次将喙探进小雀的嘴里，把菜塞得更深一些。但是，这块菜实在太大了，雀宝宝最终还是把它吐了出来。

另一只小雀早已等不及了，朝着妈妈大叫并抖动翅膀，于是，雀妈妈重新啄起菜，回过头，将它塞进这个宝宝的嘴里。一开始，出现了同样的问题，小雀吞吞咽咽，怎么也吃不进去。

被妈妈撂在一旁的宝宝，似乎有点儿不开心，停止了吵闹。这时，地面上的一枚落叶吸引了它，小雀打起精神，对着树叶一顿乱啄，尝试着要将它咽下去。看来，此时的小麻雀，还不懂得如何分辨食物，它们还得跟着妈妈学习很长一段时间呢！让人开心的是，那只正在吞咽剩菜的小雀，终于取得了胜利，将菜咽了

入园须知

（一）入园门票：每鸟两泡粪便，必须拉在花盆里；

（二）不得在花园里随地大小便；

（三）花草只能观赏，不得动嘴或爪；

（四）不得清早在花园里喧嚣；

（五）不得觊觎虫房里饲养的昆虫；

（六）注意保护环境卫生，零食不要随地乱扔。

俺们的空中花园
二〇一三年三月

家中阳台上种了许多花草，麻雀邻居就常来"空中花园"游玩。不过，它们是一群不怎么文明的游客，我只好张贴一张"入园须知"，希望它们的行为能有所改观！

下去，我也替它松了一口气。

小麻雀的乞食声，吸引来了更多的麻雀，我不知道这些大麻雀是它们的叔叔阿姨，还是成年的兄弟姐妹。两三只大麻雀站在小雀们的身边，兴致勃勃地观看，却丝毫没有喂食的意思，呵，还真是一群爱凑热闹的邻居！

麻雀舌战白头鹎

院子里长羽毛的邻居多了，相互间免不了发生口角，脾气暴躁一点儿的，甚至会大打出手。不过，我的邻居们还算比较文明，多数情况下只动口不动"手"。

午饭后，我正准备拉开躺椅，小憩片刻，忽然听到楼下树丛里传来尖厉的鸟叫声。从窗户里望去，不得了，两只白头鹎以大欺小，追得两只麻雀拼命逃窜，从水杉树上一头扎进海棠丛中。海棠是今年刚移栽的，枝叶稀疏，我想，这下坏了，麻雀一准要吃大亏！

心里正着急，突然，一群"神兵天将"从天而至。具体来说，它们是从办公楼的后面"弯"过来的，这个"弯"可不是遛弯，而是以极快的速度倾斜而下，直插桂花丛。定睛一看，降落的"神兵"是五只成年麻雀。一站稳脚跟，麻雀们就冲着两只白头鹎大声叫嚷起来，完全是一副骂战的架势。早先呼救的两只麻雀也来了劲儿，重新占领水杉枝头，加入骂架的阵列。"喳喳喳……"声音之大、节奏之快，真是闻所未闻。

此时，欺软怕硬的白头鹎站在枝头，连大气也不敢出一声。不过，麻雀们实在有点儿得意忘形了，仗着雀多势众，一只麻雀居然飞过去，落到白头鹎面前大声叫骂。大个子的白头鹎，哪儿受得了这份羞辱，立马腾起身，扑上去，追赶这只胆大妄为的麻雀。瞧吧，一只雀对一只鹎，不吃亏才怪！这只麻雀被白头鹎追得吓破了胆，尖叫着，逃窜到一个大花盆下。话又说回来，可别当麻雀不是"好鸟"，以大欺小咱可不答应，于是另外四只麻雀也飞上前去大骂——"喳喳喳……喳喳喳"，我的脑袋都要被这群家伙吵昏了。

① 一对白头鹎向两只麻雀
发起猛烈攻击, 麻雀仓皇逃
窜, 喳喳喳急切呼救……

麻雀逃到海棠树上, 白头
鹎紧追。

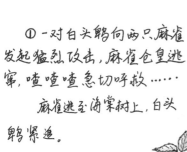

② 五只麻雀听见呼救声从天
而降, 落在桂花树上大骂白头
鹎, 声音巨大而聒噪, 喳……

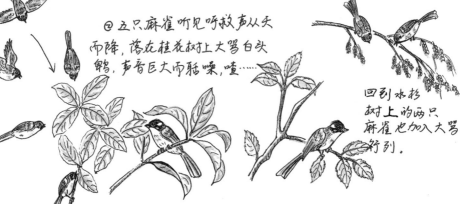

回到水杉
树上的两只
麻雀也加入大骂
行列。

③ 五只雀中的一只, 单枪匹马
追着白头鹎叫骂, 喳喳……

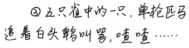

④一只白头鹎大怒，扑向前来挑衅的麻雀，准备上去一顿痛扁。另四只麻雀见情况不妙，立刻尖叫着飞扑过去，齐声大骂，白头鹎只好停止追逐，一声不吭。

白头鹎
始终不吭一声.

⑤冷战约一分钟后，麻雀的叫骂声由喳喳变成了叽叽，白头鹎依旧不吭一声。随后，白头鹎飞向了水杉树的顶梢，五只麻雀朝着来时的方向，迅速消失在了楼宇间。

麻雀舌战白头鹎

2011年10月21日中午. 约23℃. 阳光灿灿烂.

上海永福路123号院.

或许是两只白头鹎也受够了吵闹，它们终于妥协、停战，飞上水杉树梢，再也不理睬麻雀们了。霎时间，树丛中安静下来，五只"神兵"麻雀又朝着来时的方向，"弯"回办公楼的后面。至此，舌战结束，我也可以安心去睡个小觉了。

闸北公园 7月27日，晴，29℃～37℃

一群麻雀在草坪上寻找食物，麻雀喜欢在一块儿，有时候五六只，有时候十几只，有时候二十来只。要飞一起飞，要落一块儿落，它们在一起觅食。

这是无患子的叶子落在地上

无患子果实掉下来有两厘米大

香樟树

婆婆为觅食的麻雀做的自然笔记

  是不是只有记录罕见或人们不熟悉的物种，才会让自然笔记的内容更具吸引力？要我说，绝不是那回事！这是因为：

  ○ 科学探索是永无止境的，即使是最常见、最不起眼的生命体，也蕴藏着许多不为人知的秘密。如果能够用自然笔记的方式去探索这些秘密，毫无疑问，我们的记录绝对精彩异常，而且还具有重要的科学研究价值。

  ○ 每一个生命体的存在都是丰富而细腻的，观察它们，可以从不同的角度出发。试着选取一个独特的角度进行观察，这一定会令自然笔记的内容别具魅力。

  就像麻雀，婆婆的观察角度就与我的完全不同，她的麻雀觅食笔记，还登上过《新闻晨报》的头版呢！我早说过，婆婆是大自然学堂里最高深莫测的学员。2015 年，她出版了专著《胡麻的天空》，里面故事的主角，不是什么稀罕物种，而都是像麻雀一样普通但并不平凡的小生物们。

形形色色的“夜游神”

延长路38号小区. 27~35℃

一到夏天，公园里"暗访夜精灵"的活动就火爆极了。但是，这么多的游客，公园里哪装得下呀！没能预约到夜游活动的人，眼看就要错过精灵"晚会"了，这可怎么办？

千万别灰心，在我看来，这一点儿也不要紧，因为夏夜里，我们的"夜游神"邻居，和公园里的夜精灵一样奇妙。挑个夜晚，来一场同"夜游神们"的"约会"吧！

小区里的"夜游神"

一个晴朗的夏日，当太阳的余晖渐渐消失在天边，暮色合拢于大地，我和永林带上一只小手电，出了门，向着小区草木最多、光线最暗的地方进发。

和公园相比，小区里的灯光过于明亮，因此，在这儿发现萤火虫的机会几乎为零。但是，游走在这

体长2cm多,
倒悬于空中,
一动不动.
睡着了还是
正在等待猎
物?

浑身长
满粗毛!

大腹圆蛛

丽蝇,
五六成群
地聚在一
起睡觉.

杜鹃叶上
的蝇粪.

蚁狮,
草蛉的
幼虫.
4mm长

爬到亦杯
的衣服上.

背在背上的伪装!

时间: 2012年7月28日夜
地点: 延长路38号小区
天气: 晴热, 27~35℃

好多蚊子. 树上的蝉
受了灯光的惊扰偶叫一两声,
我们却找不到它!

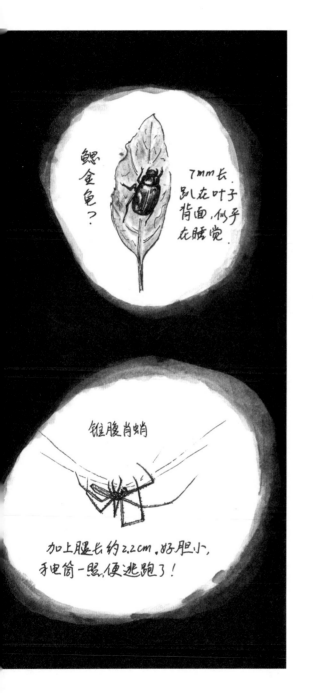

鳃金龟？

7mm长
趴在叶子
背面，似乎
在睡觉。

锥腹肖蛸

加上腿长约2.2cm，好胆小，
手电筒一照，便逃跑了！

或明或暗的世界里，我们依然有许多重大发现。

最先邂逅的，是一群和我们一样，爱在晚上睡觉的邻居。

玉带蜻睁着大眼睛，舒展着翅膀，静静栖落在金钟花的枝头。如果不是手电筒的灯光恰巧照到它，一弯腰，我的鼻子就要把它撞到地上去了。对于我们的到来，玉带蜻似乎毫无察觉，栖在枝头，就像夜色中一小段婀娜的花枝。丽蝇虽然也睁着眼睛睡觉，但它们更爱群居，扎堆栖在同一根树枝上，也许，这样会让它们更有安全感吧。杜鹃花的叶子上，斑斑点点，被丽蝇拉了许多便便。看来，它们是一边睡觉，一边排便，生活真够高效的！昆虫为什么要睁着眼睛睡觉？唉，没办法，它们跟鱼一样，没有眼皮！

接下来，我们的"夜游神"邻居登场了。瞧，大晚上的，个个精神抖擞！

"夜游神"一号: 蛞蝓（鼻涕虫）。见过鼻涕虫，可是没见过这么多的鼻涕虫！当手电筒的灯光落在香樟树上时，我们都吃了一惊。大大小小的鼻涕虫就像列队的士兵，爬满了树干。它们的黏液，在树皮上连接成大片银色的"地毯"，就在这"银光大道"上，鼻涕虫们缓慢前行。我很好奇：它们打哪儿来，干什么去？逆着爬行的方向，借着灯光，我们探索起来。没一会儿，就有了答案。原来，离香樟树不远的地方，有一个浅浅的地洞，地洞虽浅，但洞壁却有一个侧向凹陷的小坑，坑里的泥土松软潮湿。从地洞到香樟树干，一路上都有鼻涕虫留下的黏液，看来，它们就是从这里爬出来的。我想起来了，这些日子，天气炎热干燥，鼻涕虫们一准是担心阳光把自己晒成肉干，于是白天就藏到了地洞里。到了晚上，气温下降，它们才成群结队地走出家门，到香樟树上去享用树叶和真菌大餐。

"夜游神"二号：蜘蛛。手电筒的灯光下，小区的灌木丛变成了一个奇幻世界。圆圆的蛛网仿佛是用月光织就，细密交错的丝线，闪着皎洁的银光。这会儿，蜘蛛邻居们忙碌极了，完全顾不上搭理我们。瞧，一只草蛉撞到了网上，还没来得及挣扎，那位长着圆滚滚白肚皮的蜘蛛邻居就冲了上来，七手八脚，只一眨眼的工夫，就用丝线打好了"包裹"。这打包技术，简直帅呆了！

"夜游神"三号：蚜狮。夜色渐深，告别了灌木丛中的"夜游神"邻居，我们准备回家睡觉。进了电梯，灯光下，我突然发现永林衣领上有个小东西在蠕动。凑近一看，咦，那不是一团混有碎木屑、烂叶子的土渣吗？进了家门，取出一只玻璃容器，我赶紧把这团会动的小土渣放了进去。没过多会儿，土渣下竟然伸出几条小腿，飞快地跑了起来。原来，是一只背着伪装的蚜狮啊！瞧着这个小家伙，我们都笑了起来：夜游神，天色这么昏暗，你又那么小，谁看得见你，有必要打扮成这副模样吗？

客栈门口的"夜游神"

假日，我和家人喜欢四处走走，造访一下远方的大自然朋友。当我们落脚在一方客栈，就安下一个临时的家，而客栈周围的生灵们就成了我们的芳邻。难得与素昧平生的"夜游神"做邻居，夜幕降临，如果只是坐在房间里看电视，而不去拜访一下，那才叫遗憾呢！

和造访小区里的"夜游神"不同，客栈周边的自然环境更加天然，打开房门，就能窥见"邻居们"的私生活，或将它们的私房话听个一清二楚。于是，只需俯下身子，或打开一盏灯静静守候，我们就可以和芳邻们亲密接触了。

"夜游神"一号：大嗓门的歌唱家。有的"夜游神"懒得挪动身子四处闲逛，但无论你走到客栈的哪个角落，都能感受到它们的存在。听，门外响起了嘹亮的歌声，正是凭借这声音，"夜游神们"神游四方。有位邻居热情奔放，还没等我们问候："吃了吗？"它就已经高唱："吃啦啦啦……"循着声音觅去，低矮的黄杨树枝上，一位男高音正在激情演唱。说起这位爱唱歌的邻居，略微有点儿尴尬，明明是位男性，却叫作日本纺织娘。因为前翅宽阔，人们也称它为宽翅纺织娘。一般来说，昆虫长着宽大的翅膀，主要是用于飞行，而我们这位邻居则有所不同。由于体形肥胖，日本纺织娘不善飞行，而更喜欢跳跃。那一对宽大的左右前翅，就被它当作了鸣器。你瞧，这会儿，它急切地摩擦着翅膀，身体化作了夜色中一团颤动的音符，想要将震耳欲聋的声波，穿透黑暗，穿过树叶与草丛的屏障，一直传递到某位优雅、丰满的纺织娘小姐的心田里去。

然而，并不是所有大嗓门的"夜游神"都愿意抛头露面。这不，趴在草地上寻觅了半天，"咯——"，蝼蛄的歌声近在咫尺，但我们却始终找不到它。据说，这位"夜游神"是个音效大师，会用挖掘机一样的前肢开凿洞穴作为共鸣腔。当翅膀摩擦振动时，声音通过洞穴得以放大，就可以传到很远的地方去了。

"夜游神"二号："膜拜"灯光的飞行家。昆虫学家为了研究夜行性昆虫，常使用高压汞灯或黑光灯来引诱昆虫。但对于只想和邻居会会面的我们来说，完全用不着那么专业的工具。在自然环境良好的地方，一块白布，再加上一支强光小手电，或者客栈屋檐下的电灯，就能向热爱灯光的"夜游神们"发出邀请了。

"扑簌簌"，听，邻居来"敲门"了！它们展开或宽大或狭长的翅膀，飞扑到灯光下的白布上，发出轻柔的撞击声。有的邻居也许是赶路辛劳，停在白布上一动

清晨，
吃蘑菇的
大蜗牛．
蜗牛壳直径
约为25mm．

上午，
落在公园地面
的枯叶蛾．

夜晚，
被灯光吸引的
蟋蟀幼虫．

灯光下，
草叶尖
的露珠
如繁星璀璨．

永远新奇的相遇

二〇一六年九月三十日至十月一日，上海奉贤三五四农场十九队，寻葫永林于草木间，气温二十二至三十度左右，多云天，时有小雨。

所在颇寂寞，夜晚几无人声，一只宽翅纺织娘的鸣唱笼罩四下，"吃啦啦啦……"连缀不歇，仿佛人造飞行器的引擎发动。用手电筒照见，那么自在，那么美。

潜伏的蝼蛄如链一般，近在咫尺，却总也寻不着。

灯　　诱

二〇一六年九月三十日晚，上海举是已知青卻底涌在内外。气温22°C，
多云或阴天，无见星月。率莉·永林共张自布于林间。橙下，
喜见诸生灵，如邓只无言的蝼蛄。第二日凌晨，又见天蛾、
夜蛾，拍照记录之。

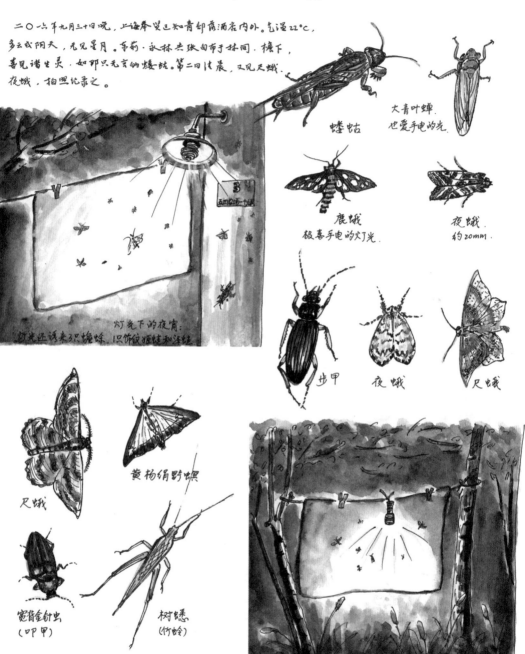

灯光下的夜宵：
灯光还诱来3只蟾蜍，1只饰纹姬蛙和泽蛙

蝼蛄

大青叶蝉
也爱手电的光

鹿蛾
极喜手电的灯光

夜蛾
约20mm

步甲　　夜蛾　　尺蛾

尺蛾　　黄杨绢野螟

宽背金针虫
（叩甲）

树蟋
（竹蛉）

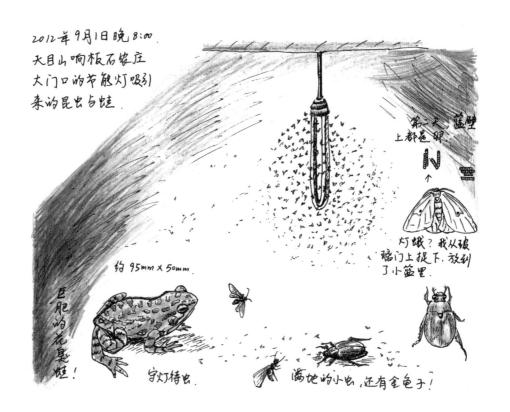

2012年9月1日晚8:00
天目山响板石农庄
大门口的节能灯吸引
来的昆虫与蛙。

约 95mm × 50mm

巨肥的花臭蛙！

守灯待虫。

满地的小虫，还有金龟子！

第一天，蓝壁上都是卵

灯蛾？我从玻璃门上捉下，放到了小篮里。

不动，难道是进入了梦乡？而有的邻居，仿佛灯光刺中了它们好动的神经，时而在白布上飞奔，时而扑扇着翅膀，去撞击那道无法穿透的"墙"。

"夜游神"三号："守株待兔"的"饕餮鬼"。点亮一盏灯，邀请来的可不只有喜爱灯光的邻居。鼓着灯笼眼，长着大嘴巴的"饕餮鬼"，也一蹦一跳地过来了。这位贪吃的花臭蛙邻居，不知啥时候练就了"守株待兔"的本领，根本用不着去河边捕猎，灯光下，旁若无人地坐在水泥地板上，静候美味从"天"而降。昆虫飞行家们也真够倒霉，和这个"饕餮鬼"做了邻居。小昆虫们绕着灯光转啊转，一旦力气不支，坠落地面，就糊里糊涂地被花臭蛙邻居吞进了肚皮。

瞧，它们就是我们古怪而可爱的"夜游神"邻居。

夜色里，形形色色的生灵，让我们一次次目睹了大自然的丰富与多样，唤起我们深藏在基因里回归森林和原野的渴望。如果夜晚失去它们，就如同夜空失去繁星、秋林失去色彩、头脑失去记忆，这样的世界，也将不再适合心灵栖息。

做自然笔记时，遇上不认识的物种怎么办？说实话，我也常常碰到这样的问题，我的经验是：

○ 准确地把观察到的生物特征和习性记录下来，在写名字的地方，打一个问号，或者直接写上"不认识"。将来，等自己成了大自然学堂高年级的学生，再去解决这类问题。

○ 查阅生物图鉴，找到它们的名字。需要注意的是，生物图鉴是有地域差别的，比如，在江南一带做自然笔记，就不能拿一本南美洲的图鉴来查询，甚至，连华北地区的都不太好使。如果是为"夜游神"做记录，最好再备一本当地的"夜间生物观察指南"一类的图鉴。

○ 在手机上下载生物识别软件，通过软件识别常见物种。"花伴侣"和"形色"APP，是目前使用最为广泛的两款植物识别软件，打开拍照功能，对着植物拍照上传图片，就能够显示出植物的相关信息。但是，软件识别经常会出错，这就需要我们格外当心了。

挡不住的"风雨客"

　　有的客人总是追随季节而至，不管你高不高兴、欢不欢迎，它们说来就来，让你无法阻挡。

　　瞧吧，那个叫"台风"的夏季怪客，把棕榈树叶吹得就像女巫抓狂的手指、恶魔飞舞的乱发。它一来，几乎所有的小动物都躲了起来，谁也不想被它吹翻肚皮，卷到九霄云外去，就连永林和我也关紧了窗户，躲在家里不敢出门。台风在楼宇间奔跑着，狂笑着，还时不时地从门缝里钻进屋来戏耍我们。听着它在门缝里发出鬼一般"呜呜"的号叫声，还有它摇动窗棂"咣啷咣啷"的声响，我好担心它破门而入，把我卷到半空，又狠狠地抛下……

蝉噪了声
也听不见一声鸟鸣，
唯有风卷过树叶
和楼房的呼呼怒号，
以及汽车刺耳的报警声。

细密的雨幕飘进楼宇间
的空地，
并不狂暴。

金毛犬
愉悦地在雨中
散步。

叶子和塑料袋
被风卷得漫天
飞舞

地面的雨水
被风吹得四散开来

8月7日早晨6:30
台风"梅花"
风力8级左右

延长路小区，路上的行人
不多。雨水溅在身上冰凉冰凉

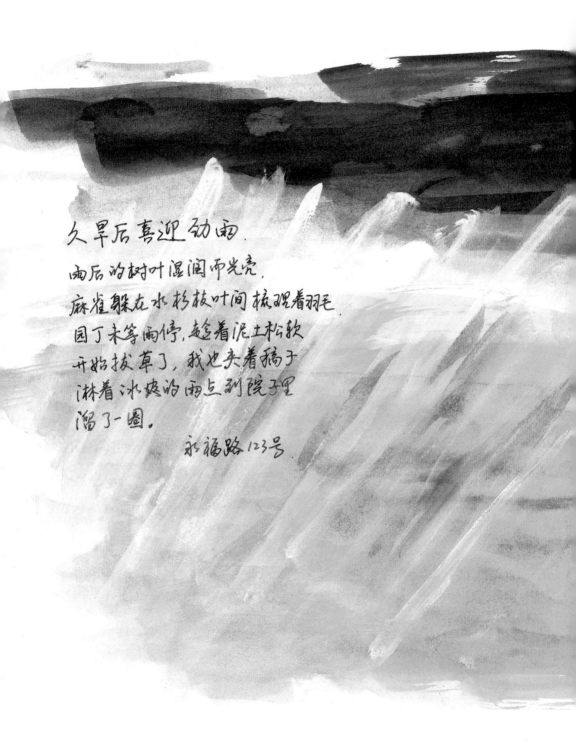

久旱后喜迎细雨.

雨后的树叶湿润而光亮.
麻雀躲在水杉枝叶间梳理着羽毛.
园丁未等雨停, 趁着泥土松软
开始拔草了, 我也夹着稿子
淋着冰爽的雨点到院子里
溜了一圈.

永福路123号

6月2日下午1:10，
刚刚午睡醒来，暴雨突至.
极粗的雨来刷向地面，
发出震耳的声响，自行车的
雨蓬瞬间变成鼓幕，
咚咚作响……
十几分钟后，听到了雷声。

有的客人虽然脾气也不小，但它的到来却常常受到大家的热烈欢迎。比如久旱后的一场暴雨，冰冷的雨瀑从天空直直刷下，那气势仿佛千军万马从乌云里奔腾而来。这个时候，蝉的叫声、鸟的叫声，还有人的说话声基本都听不到了，只有雨水划破气流的撕裂音，以及雨点捶打地面的巨大撞击声，然而就在这响彻天地的巨大雨瀑中，我看到窗外的草木变得格外青翠，裸露的土地也焕发出新的生机。

在北方寒冷的冬天，"雪"是一位性急而冷酷的客人，发起怒来，就如咆哮一般，只需一夜，就能将道路封锁、大树压折。而在江南，这位客人却变得温柔缠绵，连"说话"，似乎也带了吴侬软语的腔调。它下下停停，不会在地面积得太深，但也总不忘为大地留下独特的色彩。于是在江南的冬季，我常盼着"雪客"到来，看它把屋顶、树梢装点得洁白无瑕。我猜，连珠颈斑鸠也是爱它的。瞧，漫天雪霰中，一对斑鸠夫妻飞到屋檐上，不急不慢地踱着，跟散步一样。

2011年12月15日. 永福路 123号
中雪. 2℃~4℃
预报16日 -2℃~4℃.

13:00风从四面卷着
雪霰稀疏洒落.
一只雀立在水杉
梢头叽叽低叫了几声.

13:30. 雪霰渐密了,
两只斑鸠从低矮的
屋脊上不急不慢地跳
到了灌木丛中,一声不吭.
屋瓦上还未积上雪.

14:50. 雪下大了
水杉, 广玉兰, 蜡梅和
桂花树的叶子上都
积满了雪. 一只小鸟无
声地飞过,只有雪和风飒飒的声音.

桂花树
的叶子从
高处看去,
像开满了
白花.

雪晶体,
一碰即碎.
雪花约5mm.
雪霰最大3mm.

海棠树上
一只麻雀
静静地
东张西望

雪落在地上就化

15:00,屋瓦上终于积上了雪.
17:30回到延长路时,屋顶.
树顶全白了.

这是它生命中
的第几场雪?

记录天气现象，是自然笔记里的一项重要而有趣的内容。这是因为：

　　○ 天气现象是大自然的重要组成部分，关注和了解它们，可以丰富我们对于大自然的认知。

　　○ 在某些极端天气里，生物会有一些特别的表现，对这些情况的记录，可以为气象学、生物学或其他领域的学科提供可靠的原始资料。

　　风是我们的一位常客，我总结了一些记录风的要领，希望下次这位客人来访时，你能够用得上。

观察和记录风

风

（注意画出风的方向）

推着雨幕的风

（背景用深色，雨幕用亮色）

吹斜小雨的风

（雨滴和风的方向相一致）

卷落大雪的风

（背景用深色，雪与风方向一致）

吹落树叶的风

（可用金色线条画秋风）

盘旋的风

（从下往上，画出旋转气流）

爱写诗的霞光

　　我有一位邻居，生性浪漫，且富有文采。每年夏天，它长途旅行归来，都会把一路的见闻，用壮丽的诗篇吟诵。

　　有时，它的诗句欢快明丽，淡蓝色的句子里，闪动着粉红、明黄的语词。诗里是一群孩子，在晨风吹拂的田野，踏着被鸟鸣唤醒的大地，背着书包，追逐嬉戏。

　　有时，它的诗行热情奔放，火红色的段落里，喷涌着金黄、玫红的句子。诗里是一对恋人，手挽着手，翻过高山，蹚过雪水，甚至，越过连蟒蛇也望而却步的沼泽。后来，他们依偎着，坐了下来，一轮斜阳映红了山川。

　　有时，它的诗章波澜壮阔，深蓝色的篇章里，奔跑着暗黑、绛紫、赭红的段

2014年7月19日 清晨5:00，27℃
从北卧室窗外向东眺望。
晨曦中，高高低低的楼宇还是幽暗的剪影和轮廓，
在它们背后，朝阳织就了一张巨幅幕布，幕布上
泼洒着流动的色彩，缀满了鸟儿的歌声！

落。诗里是一片荒原，暴雨来临前，望不到尽头的斑马、羚羊和角马群，扬起万里尘埃，一路北上。

有时，它的诗篇悲壮凄凉，沉沉的墨色篇章里，流出一行行血红或惨白的言语。诗里是一场战争，炮火轰鸣后，是短暂和死一般的沉寂。血，染红了道路。角落中，一个孩子蜷曲着身体，眼里满是迷茫与悲伤。

2014年7月19日 傍晚 7:00，30℃
从北阳台西望，霞光从黑云中漫溢出来。
仿佛宽阔的湖面，深蓝色的湖水里，游动着无数的金鲤鱼。
两只夜鹭追逐翻飞，却不呼喊彼此的名字。静静地嬉戏，静静地化作云霞之眼。

夏日的黄昏，永林站在窗前，也探出身去，阅读邻居写在天边的诗句：

我喜欢那银鱼[1]，在蓝色湖面上，它划出一条白线，直直游向我
我喜欢这鸟儿，它披着我的颜色，把夕阳，背回自己的家
睡梦之神还在赶路，他会带给世界最后的安宁
现在，一切仍在交谈
我喜欢这交谈

———————————
1 指喷气式飞机。

婆婆很喜欢这位才华横溢的邻居，于是用粗糙、从未写过诗句的双手，剪裁下一张小小的纸片，题了首小诗赠它：

艳丽的霞光
慢慢飘散
露出了蓝天白云
一股小风吹来，真凉爽啊
闭上眼睛，闻见大地的土香味
四面八方传来鸟鸣声
就像呼唱着小曲
让人忘不了
美好的时光

尽管深受我们的爱戴，但这位邻居却似乎更喜欢旅行。一年当中，只在夏季，它与我们朝夕相伴；春秋时节，最明亮的日子里，它偶尔会回来探望我们；而到了漫长的冬季，无论我们怎样思念它，它连脸都不肯露一下。

是什么原因，让我们的邻居养成了这样的习惯？

原来，霞光是一位颇为"挑剔"的邻居，它对云层的性质、空气的质量，都有独特的偏好。夏天，在太阳朝升夕落的方向，云层的厚度最为适宜，阳光可以穿透云层，照射到云的底部。这个季节，空气和云层中的水汽也更为丰富，当阳光照射到小水滴上时，光就发生了散射。光波短的紫、蓝光因散射而减弱，光波长的红、橙光不易散射而被保留，这样，天边就迎来了以橙红为主色调的霞光邻居。上海的夏天，受季风和台风的影响，空气洁净，近地面的悬浮颗粒物少，那些穿过空气层的美丽光波，就不会因为微粒的散射、吸收等作用而减弱，所以此时我们看到的霞光邻居，"颜值"也就最高。

　　相反，到了冬天，在太阳朝升夕落的方向，云层往往较厚，阳光难以穿透。这个时节，上海的天气干燥，空气和云层中缺乏具有散射作用的小水滴，阳光中那些绚丽的红、橙光波，就无法被剥离出来。同时，受到西北风的影响，近地面空气污染严重，悬浮颗粒物多，即使有霞光邻居降临，由于受到微粒的散射、吸收等作用，它也会变得灰蒙蒙而难以辨识了。

2019年3月13日.
17：40.晴.12℃.
新年第一个明澈的春日.
妈妈寄来的百合花,
吐露着春城的芬芳.
窗外路旁的栾树,
静悄悄地,
孕育着新芽.
消失了一个冬天的晚霞.
回来了!
映照在窗玻璃上,
像是来窥探
这娇艳的花儿.

　　大自然学堂里，有许多同学像我一样，喜欢在自然笔记里，创作几句小诗，写上一段散文，用生动的语言勾勒眼前的景象，抒发内心的感受。

　　一开始，我们的小诗和散文写得并不太像样，既冗长又缺乏生机，但是，随着练习的不断进行，我们发现，自己的词汇量丰富了，想象力也得到了提升。小诗愈加疏朗，散文更有精神。终于，我们学会了准确、生动、多样地表达。

　　如果你也想在自然笔记里有更生动、更精彩的表达，可以尝试以下做法：

　　　　○ 寻找一个或几个新鲜的比喻句；

　　　　○ 将自然事物拟人化；

　　　　○ 选择恰切的字词；

　　　　○ 试着用短句而不是长句。

　　大自然学堂的好多同学告诉我，没想到，通过一段时间的自然笔记创作，作文水平居然提高了。

斑鸠"探病"记

有句老话怎么说来着，"远亲不如近邻"，可不，一旦生了病，家里碰巧又没人在，自个儿孤零零的，就只能指望邻居和住在近旁的朋友了。

工作以后，永林和我长期生活在上海这座城市里，远离亲人，一年到头，我们才能回家探望一次，而父母也难得来上海同我们小住。这不，婆婆一回内蒙古，家里便立刻冷清下来，连阳台上的小麻雀也时常想念婆婆，当然，这主要是因为

2010年12月18日
周六，5℃~14℃
晴。
中午，阳光照
在窗台上格外
温暖，我正要
结束午餐，突
然一只斑鸠落
在了窗外，与我
只有一米之遥

一个黑影扑棱棱
落在了玻璃窗外，把
我吓一跳！

大约一二分钟后，
斑鸠飞走了，消失
在高楼间

原来是一只
珠颈斑鸠，它和我
对视了一会儿，然后好奇地从窗
外打量房间里的东西，不再
理睬我，它理了理翅膀，和
我一起晒起了太阳。

延长路此楼居
一只爱晒太阳并且
充满好奇心的斑鸠

婆婆给它们喂食的缘故。如果永林去外地出差，空荡荡的屋子里，可就剩我一个了。这次最惨，我一个人在家不说，还生了病，上吐下泻没人照看。心里想，要是永林在就好了，要是爸妈在就好了，要是婆婆在就好了，或者，有个朋友来探望也好啊！可是，亲人们都不在身边，虽然也有朋友住在上海，但我实在不愿意麻烦别人大老远跑过来。

就在我孤零零坐在桌前，晒着太阳，勉强吞咽着胡乱熬煮的饭菜时，竟然呼啦啦飞来了一位邻居，哦，是只可爱的斑鸠，只见它拍打着翅膀，落在窗外。有那么几秒钟的工夫，我们隔着玻璃窗，静静对望。是大自然老师派它来探望我的吗？也许是吧。嗯，肯定是的！一下子，我觉得自己没那么孤单了。

最近，大自然学堂里热闹极了，同学们喜欢凑在一起，交流自然笔记作品。大家发现，每个人都有自己不同的创作风格，有时，即便是同一个人，也可以创作出风格完全不同的作品。下面是一些常见的风格类型，拿出你的自然笔记作品，看看属于哪种类型吧。

〇 科学探索类。作品详细、客观记录某一自然物或自然现象，具有浓烈的理性色彩。比如我的这篇"石蛋开花"，就属于这一类型。

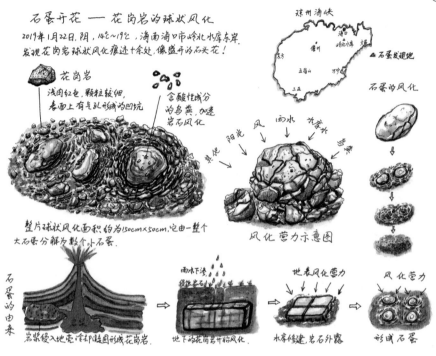

石蛋开花 —— 花岗岩的球状风化

2019年1月22日,阴,14℃~19℃,海南海口市岭北水库东岸,
发现花岗岩球状风化痕迹十余处,像盛开的石头花!

花岗岩
浅肉红色,颗粒较细,
表面上有气孔状或的凹坑。

含酸性成分
的鸟粪,加速
岩石风化

整片球状风化面积约为150cm×50cm,它由一整个
大石蛋分解为数个小石蛋.

风化营力示意图

石蛋的由来

岩浆侵入地壳冷却凝固成花岗岩.

地下的花岗岩开始风化.

水库修建,岩石外露

形成石蛋

○ 自然见闻类。作品简约记录了某一地区的多个物种,是作者前往某地游玩或考察时的所见所闻,具有旅行手账的性质。本书下一章中的自然笔记作品,多属此类。

○ 心灵感悟类。作品以抒发细腻情感为主要特色,是作者观察某一自然物或自然现象后的感怀与感悟,具有浓厚的感性色彩。前面的"斑鸠探病记",基本上属于此类作品。

○ 艺术手作类。作品中除了文字、绘画外,还具有其他艺术表现形式。比如下面的这篇自然笔记,我用植物汁液染制彩絮,再用彩絮堆贴出"故乡霞光中的群山"艺术画。

垂柳枝条

顽皮的风,
把柳絮团成团,
塞在草窠里。

果穗

← 16mm →

果实和果壳

包裹着茸茸的绒毛

种子

2019年4月27日上午,晴.16℃
共青森林公园拾柳絮
飞絮弄得鼻子痒痒的,但我们仿佛
步入精灵王国,大地洁白.蓬松如云朵.

柳絮自然染

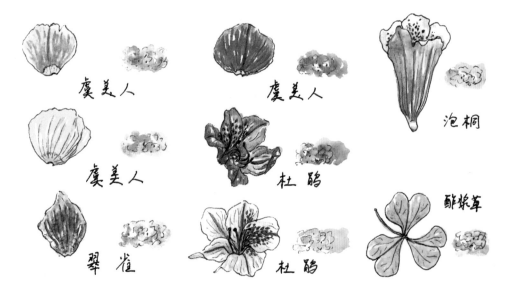

虞美人

虞美人

泡桐

虞美人

杜鹃

翠雀

杜鹃

酢浆草

故乡霞光中的群山

清晨将至，
鹧鸪醒得比雄鸡更早，
"金嘎嘎"一声啼叫，
满山谷的鸟鸣被震碎，
化作朝霞漫天。

黄昏来临，
白茅草尖 暖风荡漾，
霞光把山折成金色画屏，
两只小鹰在上面
用影子涂鸦。

○ 多元融合类。作品是上述某几种风格的融合体，具有灵活多变的特点，这也是自然笔记最为常见的类型。比如下面这篇自然笔记，我就采用了多元的创作手法，既有场景描绘，又有科学探索，还有趣味艺术创意画。

2019年1月22日，阴，14～19℃，海南海口市崀北水库东岸。岸边的土壤红得刺眼，像着了火一般！

风化淋溶作用

含有钙、镁、钾、钠的可溶盐类等

花岗岩和玄武岩经过风化淋溶作用，在土壤表面形成氧化铁铝的富集，就使土壤染成了红色。

神奇的红土颜料（用红色土壤涂色）
珊瑚和小丑鱼

用红色的土壤兑水，就变成了天然红色颜料！

正是不同的类型和风格，造就了自然笔记异彩纷呈的世界。没有哪一种更优越，创作者只要根据自己的特长和需要，选用合适的方法，就能创作出精彩的自然笔记作品。

Part 3

路上的奇遇

　　我说的奇遇，可不是《爱丽丝梦游仙境》里爱丽丝遇见兔子先生，而是，如果你习惯了站着看世界，那么不妨蹲下来试试。说不定，随着视角和态度的转换，即使在同一条路上，你也会有不同的邂逅。

马路上遇见"魔法师"

每天上下班，都走同一条马路，年复一年，我遇到的总是同样的人、同样的事：卖炒面的阿姨每到下午五点，必定推着车子出现在十字路口；胖姑娘牵着的边境牧羊犬，总是在同一棵树下撒尿；就连路旁的行道树，也永远被修剪成同样的形状。一直以来我都以为，在这样一条平凡的街道上，不会有什么奇遇发生。直到有一天，在毫无心理准备的情况下，我撞见了一位自然魔法师，并目睹了她的杰作。

那是一个雨后的早晨，风停了，地面湿漉漉的。因为出门早，地铁到站后我并不急着赶路，而是像一只慵懒的蜗牛，缓慢地挪向单位。蜗牛前进的时候，两只长在长柄上的小眼睛总是向前探视，而那天，我忽然像着了魔一样，眼睛紧盯着地面，再也挪不开去。原来，脚下的柏油马路一夜之间被施了魔法，

柏油路上春的色彩

不用抬头，我已看见了春天

香樟树叶

艳丽的色彩让柏油马路变得生动起来.

← 22mm →

榆钱.

包含一枚成熟的种子.

← 15mm →

被雨浸湿的枫杨花穗.

↓ 18mm ↓

悬铃木侧芽外面包裹的鳞片.金黄色,有浓郁木香味,外侧密被绒毛.

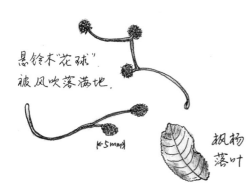

悬铃木"花球"
被风吹落满地.

← 5mm →

枫杨
落叶

看不见晚樱树,但见落红满地

2011年4月22日地球日.
小雨转阴. 13°c~18°c.
高安路、永福路湿漉漉的地面

枝头小鸟洒下的粪便.

广玉兰巨大而鲜黄的落叶,
被雨水洗涤得锃亮.

悬铃木种子

2011年4月20日. 谷雨.
晴. 10°c~22°c.
永福路近123号.
春风浩荡,卷落
遍地花粉,将路
面染成了黄色.

悬铃木的花
被风雨冲刷飘落,
在柏油树上汇集成片.

榆花?
约4mm长. 地上
积了厚厚一层.

谁的花?

平时乌黑坚硬的地面，现在居然变成了一条杏黄色的绒线毯，上面缀满了不同形状和颜色的装饰物。是谁拥有这样强大的法力？猛然间，我意识到，我遇见了世界上威力最强大的魔法师之一，而她似乎也在我的身上施展了法术，打通了我的"天眼"，从此以后，在我的视界里，那些平凡的马路也开始逐渐显现"奇迹"。

几天后的一个早晨，就在地铁口旁边的马路上，一只肥硕的老鼠从水栅里探出头来。它缩着身子，似乎担心被人类发现，只伸出一只前爪，探向路面的方向。因为视线被水栅一侧的水泥台阻挡，我看不真切它要探取的东西，只见那只小爪子朝着前面刨啊刨，那锲而不舍的样子，让人看得既好笑又有点儿揪心。过了一会儿，这只小爪子终于有了收获，原来，是一只看上去并不怎么可口的烂果核。看来躲在阴暗世界里讨生活的老鼠们，日子过得也并不容易呢！街上来来往往许多的行人，除了我，似乎并没有其他人能够看见这个低微的生命，以及它为了生

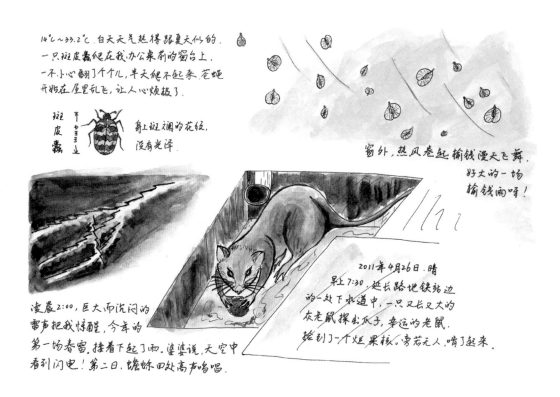

14℃~33.2℃，白天天气热得跟夏天似的。一只斑皮蠹爬在我办公桌前的窗台上，一不小心翻了个个儿，半天爬不起来。苍蝇开始在屋里乱飞，让人心烦极了。

斑皮蠹

身上斑斓的花纹，没有光泽。

窗外，热风卷起榆钱漫天飞舞，好大的一场榆钱雨呀！

凌晨2:00，巨大而沉闷的雷声把我惊醒，今年的第一场春雷，挂着下起了雨。婆婆说，天空中看到闪电！第二日，蟾蜍四处高声唱。

2011年4月26日 晴
早上7:30，延长路地铁站边的一处下水道中，一只又长又大的灰老鼠探出爪子，幸运的老鼠，捡到了一个烂果核，旁若无人，啃了起来。

存而进行的不懈努力。也许，是魔法师还没有在其他人身上施展法术，因此他们还看不到大自然里的这些事情吧。这么一想，我的心中不禁有些得意，瞧，我已经不是《哈利·波特》里毫无法术的"麻瓜"了！

　　说实话，在被施以"魔法"之前，我和其他人一样，想都不曾想过，路面上能有什么值得我们关注的事物，而如今，情况大不相同了。5月的一天，回家途中，我遇见了一起"暴力事件"。柏油路面上躺着一位"重伤员"，我赶紧把它捡了起来。经过仔细侦查，我发现，这只星天牛伤得十分蹊跷，身上没有任何被挤压过的痕迹，既不像人踩的，又不像是被车轮碾压。但它的伤势却极为严重，右边的鞘翅不见了踪影，触角也完全折断。在它的身上，到底发生了什么？抬起头，悬铃木浓密的枝叶间，跳动着一个模糊的影子，接着，那影子发出沙哑的聒噪声。是灰喜鹊！现在，将所有细节串连到一起，我大致可以还原一下案发现场

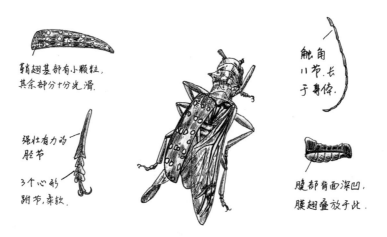

路遇星天牛

鞘翅基部有小颗粒，其余部分十分光滑。

触角11节，长于身体。

强壮有力的胫节

3个心形的跗节，来吸。

腹部背面深凹，膜翅叠放于此。

5月19日下午3:30，33℃左右，永福路浓密的树荫下，柏油马路上躺着一只身体残缺的星天牛。体长37mm。

两只触角都折断了，鞘翅也掉了一只，痛苦地在地上蹬腿，应该是刚刚经历了一场恶战。

了：灰喜鹊用利爪将星天牛踩在脚下，伸出长喙攻击它的头部，但是，星天牛并不准备坐以待毙，挥动起触角，做着殊死抵抗。遇到如此"顽劣"的猎物，灰喜鹊想必大为恼怒，于是用喙折断了那两条碍事的触角，并猛啄星天牛的身体。然而，亿万年的进化，给予了星天牛一对厚实、坚硬而光滑的鞘翅，在搏斗中，星天牛尽管丢失了一只翅膀，但光滑的体表，仍然帮助它从灰喜鹊的利爪下滑落出来，跌落树枝。瞧，即使在看似平静的马路上，我也能够目睹大自然中的生命，为了生存而进行的争斗。

不知道现在的你，是不是也和我一样，拥有了神奇的"法力"，在最为平常的地方，能够看到与别人眼中不一样的景象。如果是，那么恭喜你，你也不再是"麻瓜"了！

大自然学堂就像一所魔法学校，刚入学的新生，需要具备：

○ 一双善于发现的眼睛。能够注意到被别人忽视的平凡事物。

○ 一颗准备接纳自然万物的心。即使是"丑陋"的毛虫、"恶心"的便便，也应被当作"奇迹"。

○ 一刻内心安宁的闲暇时光。停下匆忙的脚步，让躁动的心安静下来，此刻，大自然老师已准备向你展示她的神奇魔法。

邂逅大地之子

　　几年前，朋友姜龙、罗泓夫妇把家搬到了乡村，我和永林每次去拜访，都需要换乘好几部公交车。汽车在高速公路上行驶，车窗外的高楼渐渐被甩在身后，就连半土半洋的别墅群也渐渐消失在视野里。公路两旁，黄绿相间的农田多了起来，一种久违的亲切感从心底油然升起。

　　依旧得益于自然魔法师在我身上实施的魔法，走在乡间田野上，我的双眼又有了新奇的发现。不断邂逅的大地之子们，都成了我的新朋友。

坚忍顽强的大地之子

　　少了汽车尾气和工业废气带来的"温室效应"，乡村空旷的田野上，到了冬季，北风一吹，总是比城里冷不少。生活在这儿的动植物们，就非得有坚忍的品质不可。当然，一些小生物也总有办法找到一个温暖的越冬地。

　　隆冬时节，我曾邂逅一位在石板上酣眠的"大地之子"。如若不是有点儿"火眼金睛"的"法力"，小石坑里趴着的甘薯蜡龟甲，一定会被我当作一个泥巴团了。当然，我还是要分外小心，以免惊扰这只小甲虫的酣梦。乡间凛冽的寒风里，如果它从冬眠中醒来，就会耗尽身体中储藏的宝贵热量，而无法挨过漫长的冬季。

　　轻轻翻起石板，我不禁有些吃惊。石板之上，寒冷干燥；石板下面，却藏着一个生机勃勃的世界。铁青色的蠕虫，在土地妈妈温暖的怀抱里快乐地穿行；植物的根须活力四射，钻过土层，又穿过了石缝，仿佛在和蠕虫赛跑。我很想知道谁会是比赛的赢家，但它们都钻进很深很深的土里去，没了踪影。这时，我看见沙粒间蒸腾起一粒粒微小而晶莹的露珠，我想，那一定是土地妈妈怕冻坏孩子们，正从下面呵出一口口热气呢。

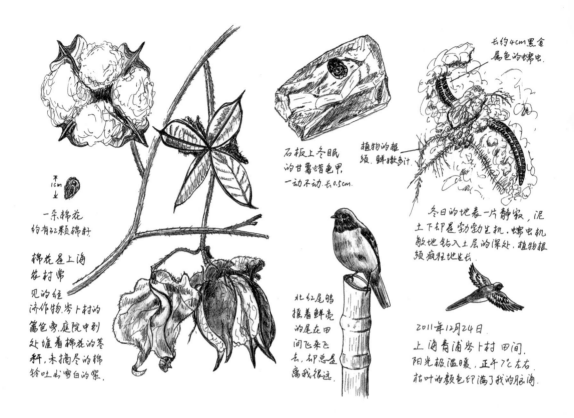

长约4cm黑金
属色的螺虫

不
1cm
½

一朵棉花
约有33颗棉籽

石板上冬眠
的甘薯蜡龟果，
一动不动.长0.5cm。

植物的根
须,鲜嫩多汁。

棉花是上海
农村常
见的经
济作物.岑卜村的
篱笆旁,庭院中到
处堆着棉花的苍
秆,未摘尽的棉
铃吐出雪白的絮。

北红尾鸲
摆着鲜亮
的尾在田
间飞来飞
去,却总是
离我很远。

冬日的地表一片静寂,泥
土下却是勃勃生机.螺虫
敏地钻入土层的深处,植物根
须疯狂地生长。

2011年12月24日
上海青浦岑卜村 田间
阳光极温暖,正午7℃左右
花叶的颜色印满了我的脑海

萌态万千的大地之子

初夏时节的乡野，别具一番景象。大地笼罩在绿叶织就的青纱帐里，鸟啼蛙鸣是缀在帐上的串串银铃。

不知什么时候，我步入了一个"乡间卖萌大会"的现场。大地之子们穿戴起各色行头，展现万千萌态。

"萌萌"一号：穿"蓬蓬裙"的黄守瓜。像个"守财奴"一样，总喜欢待在瓜类作物上取食根茎、嫩叶和花朵，因此人们把这种黄色的小叶甲叫作"黄守瓜"。让我纳闷儿的是，今天的黄守瓜夫人，居然离开了它的"财宝箱"，跑到加拿大一枝黄花上去了。加拿大一枝黄花是种很可怕的入侵植物，因在中国少有天敌，它已经在多个省市泛滥成灾。我想，如果黄守瓜真心爱上了这种"霸王花"，把它吃进肚子里，就是不穿"蓬蓬裙"，也一定会在"卖萌大会"上，

岑卜村生物小记

(2013.6.10. 阴·19~24℃)

黄守瓜
落在加拿大
一枝黄花叶子
上，像穿了条
莲蓬裙。

河滨里的青鳉鱼苗，
长约1cm，极亮的大眼。

最萌的跳虫

极厚的
鳞片。

弹器

在河滨的水泥壁上，
极多，可在水面跳跃

成虫

沫蝉妈妈在用
泡泡唾沫保护
宝宝。成年沫蝉
有极好的保护色。

树丛
中有不少
小蜻蜓尺蛾，翅展4cm

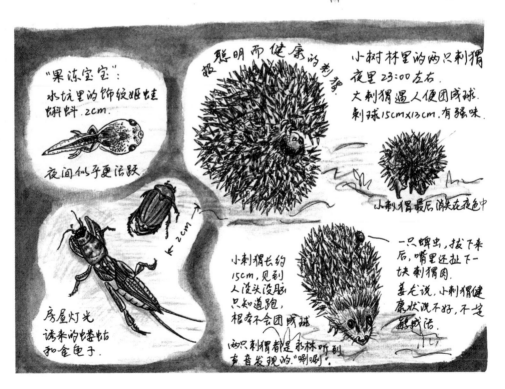

"果冻宝宝"：
水坑里的饰纹姬蛙
蝌蚪，2cm。

夜间似乎更活跃

极聪明而健康的刺猬

小树林里的两只刺猬
夜里23:00左右。
大刺猬遇人便团成球，
刺球15cmx13cm，有强味。

小刺猬最后消失在夜色中

房屋灯光
诱来的蝼蛄
和金龟子。

小刺猬长约
15cm，见到
人没头没脑
只知道跑，
根本不会团成球。

两只刺猬都是永林听到
声音发现的。"唰唰"

一只蜱虫，拔下来
后，嘴里还扯下一
块刺猬肉。
姜老说，小刺猬健
康状况不好，不会
鼓成活。

受到人们的喜爱。

"萌萌"二号：大眼睛的小青鳉。我们在河边玩耍时，邻家大哥端了一簸箕米到河水里淘洗。碎米粒和淘米水让河浜瞬间热闹起来，水鳖草下，钻出一群亮闪闪的蓝色小星星。仔细看，原来是一群小鱼苗摆动着透明的身体，睁着大眼睛簇拥过来。朋友说，这鱼儿名叫青鳉，对水质非常敏感和挑剔，科学家们常请它们做水质"检测员"。遗憾的是，这些可爱的鱼儿如今却濒临绝种，外来鱼种和水污染，都是引发其生存危机的肇因。唉，又是人类惹的祸！

"萌萌"三号：圆滚滚的跳虫。我如果像个"麻瓜"一样，注意不到水泥台阶上的小绿点，就将错失今天的"卖萌冠军"了。尽管比针鼻子大不了多少，但它们卖起萌来，却无人能及。小跳虫的脑袋略呈扁圆形，两只黑眼睛朝天生长，仿佛永远都在挤对眼；周身圆滚滚，就连触角与足，也极为平滑和圆润，一副呆萌模样。不过，可别小瞧了它们。扇形的小弹器"啪"地一抖，跳虫们就腾空而起，一会儿在台阶上翻滚，一会儿又来到水面上跳跃。

"萌萌"四号：惹人怜爱的小刺猬。夜里，姜龙带我们到小树林中探秘。循着脚下传来的"唰唰"声，打着灯光照去，两只刺猬现身了！个子大的那只，是个机灵鬼，就地一缩，变成一只碗大的刺球。未成年的那只，呆呆憨憨，没头没脑地在我们脚下乱窜。姜龙戴了手套将它拾起，这才发现，一只蜱虫正叮在它身上，吸饱了血，胀得像颗豆子那么大。拔除了"吸血鬼"，我们心中默默祝福它：努力哟，一定要活下去！

除了这些，躺在泡泡里的沫蝉宝宝、果冻般透明的饰纹姬蛙蝌蚪，还有很多前来参会的大地之子，一起让我见识了大自然的丰饶之美。

自由奔跑的大地之子

时常反叛自然的人类，是否还能算作大自然的一分子？现代工业带来的环境污染与破坏，是否已经让我们彻底走到了大自然的对立面？刚开始做自然笔记的时候，这些问题常常让我困惑不已，自然笔记里，到底应不应该记录人类的身影？

在乡间，我结交了一位在田野上自由奔跑的大地女孩，从她身上，我似乎找到了答案。

萝藦、地锦、小飞蓬，
还有各种禾本科和豆科植物
呼喊着彼此的名字，
在初夏的旷野中
嬉戏——

2013年6月10日，
端午小长假，
上海青浦岑卜村，
阴有小雨，20℃~24℃
三岁半的暖芸，
这个生长在田野中
的孩子，是大自然
原原本本的一分子，
她的笑容，让我忆
起儿时山野间吹
过的欢快的风。

依然是那个寒冷的冬日，罗泓带着一岁半的女儿，陪同我们在田埂上玩耍。田间的道路崎岖不平，小女孩被土坷垃绊了一跤，一头栽进菜畦里。就在她要哭出声时，罗泓乖哄道："不要哭啊，你疼，地也疼呢！"顿时，小姑娘收了声，揉揉眼睛爬了起来。我想，这个整天蹦跳在田野里的孩子，说不定真的能听懂大地妈妈的心声呢！

每次来到乡间拜访，女孩天真、快乐的神情总是深深感染着我们。从她身上，我们回望到了自己童年的身影，那些像小兽一般，赖在泥巴地里撒欢儿的赤子。在那一刻，我的思绪豁然明朗，人和其他生命一样，终究脱不掉对大自然的依恋。

后来，在我的自然笔记里，逐渐多了一些人类的身影，他们懂得敞开自己的身心，去感受大地上的每一丝气息，并重新塑造着自己同大地母亲的关系。

如今，那个在乡间奔跑的大地女孩已回到了城市。但我相信，这个曾经被大自然亲吻、爱抚过的大地之子，心中必定会珍藏着些什么，而这份珍藏，也必定会使她未来的成长跟别的孩子有所不同。

乡间是见识大自然魔法的好地方，在这里，可以重点观察和记录：

〇 城里难得一见的生物。相比城市，乡村植被丰茂，空气清新，噪声和光污染少，在这里更容易发现大自然的神秘精灵。

〇 同种生物在乡村和城市中的不同生存状态。运用对比法，调查环境对生物的影响。

〇 当地居民与自然环境之间的关系。比如，农民喜欢哪些野生动植物，不喜欢哪些，原因是什么；乡村里有哪些有趣的农谚；等等。

同时，乡间也是一个充满野性的地方，在这里做自然观察需要注意安全：

〇 乡间的地势较为复杂，在水塘、沟渠边活动，要当心落水。

〇 刺猬和猫、狗等动物身上，往往会寄生蜱虫、跳蚤等小生物，遇到它们，要当心寄生虫的危害。

遭遇野性天目山

早听人说，浙江省天目山自然保护区地质古老，地貌独特，孕育并庇护了种类繁多的珍稀动植物，是我国著名的"物种基因宝库"。为了一睹它的风采，我和家人挑了不同的季节，两上天目山。果不其然，在那里，我们遭遇了充满野性的大自然，亲身感受到了来自大山"主人们"的特别问候。

路遇"吸血鬼"

9月初的城里，"秋老虎"还在肆虐，烈日灼得大地发烧似的，走进山里，却是一个完全不同的清凉世界。

扯根归的刺儿
扎在吉祥的捕虫
网上，扯不下来

柳杉的枝条

2012年9月3日
天目山景区，雾蒙蒙，
走在高大的杉树与
松相间，仿佛来到
了巨人王国。

金钱松的枝条

竹节虫

巨柳杉与金钱松

躺在石板路上，
充择了，45mm

金线草

漫山来美的枝条，缀满红色花苞

巨锯锹甲
小路上常见
许多巨柳杉
都被它们钻孔。

对于我们的"冒昧"来访，山里的主人们显然持有不同意见。有的主人厌恶被人打扰，扛板归、菝葜（bá qiā）和野蔷薇，抖起身上的尖刺，划破我们的衣服和皮肤；有的主人敏感而充满警惕，鸟儿和一些昆虫察觉到我们靠近，一溜烟便不见了踪影；而有的主人却热情好客，站在山路两旁，对我们夹道相迎，一不留神，我们就成了传播种子的"快递员"，或是行走中的"食物供应站"。还有那么一位，它是土长土生、热情无双的天目山主人，估计这会儿还在思念我，更确切地说，是思念我血管里可口的液体。

银杏大蚕蛾茧长57mm，镂空像北京的"鸟巢馆"！

当天我的装束，裤口没有系紧，天目山蛭爬了进去。毫无痛感！

那天黄昏时分，我们下山回到客栈。正要脱鞋，我突然发现左脚的鞋口全红了，袜子黏糊糊地裹在脚上，浸满了鲜血。我惊得大叫起来，家人闻声赶来查看。卷下袜筒，暗红的血液还在不断地从伤口里往外冒。显然，这是被"吸血鬼"袭击了！这个臭名昭著的"吸血鬼"因天目山而得名，它就是"天目山蛭"——

2012年9月3日. 阴有薄雾. 28℃.
天目山景区.
随处可见大自然的奇观!

天目山蛭 ——
　　一位让我无法遗忘
　　的这座大山的主人!
　　像尺蠖一样前行,
　　像幽灵一样无声无息.

胡蜂的巢
奇特的建筑物

天目山蛭长约30mm, 生于溪水边.

石板路上捡到的甲虫残骸,
闪烁着艳丽的金属光泽。干
了的时候暗淡无光.

假想图
(根据27mm长的残骸绘制)

一种幽灵般的山蚂蟥。

永林翻遍我的鞋袜和裤子，可是却找不到"吸血鬼"的踪影。想必那只狡猾的山蛭早已填饱肚皮，身体膨胀如圆桶，滚落到山林中去了。

"什么时候咬到的？"姐姐担心地问。我却压根儿答不上来，因为直到发现伤口流血，我依然什么感觉也没有。这也难怪，蚂蟥可是著名的"麻醉大师"。它们吸血的时候，头部的吸盘紧紧吸住受害者的皮肤，用锋利的颚上齿锯开伤口，再通过唾液腺分泌抗凝血剂和麻醉剂，让伤者在毫无知觉的情况下"乖乖"献出鲜血。

整个晚上，脚踝上的鲜血都在断断续续地流淌。听山里人说，被蚂蟥吸了多少血，就得让那伤口再流出多少血，也不知是真是假。由于没有随身携带杀菌消炎的药物，我想，被污染的血液还是充分流掉才好，因此也不去管它。早上醒来，伤口开始疼痛，血却止住了。回到上海，脚踝红肿发炎，鼓起一个大疱，又疼又痒。后来去看了医生，通过药物治疗，过了大半年的时间，总算痊愈了。

游玩的时候被蚂蟥袭击，你可能觉得我这次够倒霉的，可我却依旧觉得这是一次难得的"奇遇"。因为在这次旅途中，我体验到了大自然最真实的面貌：大自然老师不只向我展示了她的壮丽和秀美，还让我亲身感受到了她的幽暗与无情！然而这就是真正的自然，一种未被人类改造得面目全非的自然。我想，自诩为万物之灵长的人类，不能因为自己曾经遭受过某种伤害，或者因为感受到了某种威胁，就决意将一切"敌人"铲除。因为这样带来的很有可能是一个生态失去平衡的世界，而且，即便那样的世界真的无害，也必定是一个单调而又可怜的世界。所谓与自然和谐相处，不仅是指与自然的美好和谐相处，同时也应当是指与自然的荒蛮、狂野和谐相处。

乌雕大王来巡山

第二次上天目山，正值农历新年。客栈主人筹办了丰盛的菜肴，年猪头、豆腐饺，山里人家的新年热闹而别有风味。

大年三十早晨，天刚蒙蒙亮，客栈内外便欢腾起来。电线上、树枝间，处处环绕着小鸟悦耳的啾鸣声。屋后的公鸡跃上鸡舍，向天空发射出一连串的超强音符；楼道里，"踢踢踏踏"，进进出出都是狗儿们欢快而细碎的足音。

我也起了个大早，持了望远镜在房前屋后观望。客栈小楼后面是一处鸡舍，鸡舍旁植有几丛绿竹。昨日听主人说，笋子怕是要冒头了，恰好来到屋后，我便想去查看一番。

刚下土坡，走至鸡舍附近，一只红毛大公鸡耸起羽毛，朝我飞奔而来。手里没有木棍之类的家伙，我估摸着不是它的对手，转身就跑，公鸡在后面直追。"噔噔噔"，公鸡敲鼓似的脚步声在耳后轰响。我不敢回头，用百米冲刺的速度往土坡上跑。上了坡，"噔噔"声突然不见了，我正暗自庆幸，哪想到"噗"的一声，小腿后面猛然遭到了巨大的撞击。回头一看，果然是那公鸡，刚才它定

2015年2月18日大年三十.
2月19日大年初一.

大目山响板石后院及厨房
天气依旧晴好. 0℃~15℃左右

从311房间北窗
看到的农庄餐厅一角

翠竹
青青

电线上常有
鸟儿栖落

香樟

机警
的小狗

小黑,
比小胖
大1个月,
总是欺
负小胖

小胖,
热情活泼
弟一天就
爬到了我
的腿上亲热

全老板在
后院里劈柴

尽做尽职的公鸡

公鸡在身后追我
然后一口咬住裤腿拽
在腿上

这里烧开水
极巧妙!

80多岁却"年轻"
的阿爸在做咸饭

大年三十,老板娘烧年猪
阿好一直想等我们回来
来有做肉圆

大年初一早上,
火盆里烘土豆和番薯

是腾空而起，向我飞踹，现在钩挂在我的牛仔裤上，扑扇着翅膀，朝我一顿猛啄。我扭转身，挥掌踢脚一通还击，总算击退了公鸡。

回到屋里，挽起裤腿，不由感叹这山里公鸡的野性与彪悍。不但会飞，还力道奇大，即便隔着两层裤子，锋利的爪子还是在我皮肤上抓出了几道红印。

吃过早饭，我们向山里进发。虽然正值寒冬，一路上的山花野果、飞鸟清涧，

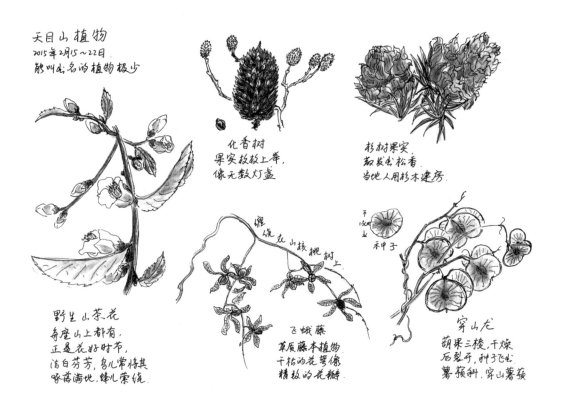

天目山植物
2015年2月15~22日
能叫出名的植物极少

化香树
果实枝枝上举，
像无数灯盏

杉树果实
散发出松香
当地人用杉木建房

野生山茶花
每座山上都有，
正是花好时节，
洁白芳芳，鸟儿常将其
啄落满地，蜂儿萦绕。

飞蛾藤
草质藤本植物
干枯的花萼像
精致的花瓣
缠绕在山核桃树上

穿山龙
蒴果三棱，干燥
石裂开，种子飞出
薯蓣科，穿山薯蓣
种子

依旧美不胜收。这个季节不必担心天目山蛭的问候，因为此时"吸血鬼们"还躺在松软的泥土下蛰伏。少了蚂蟥的"热情问候"，山路让人安心不少。

沿着略为陡峭的土石小路前行，不觉已进入山谷深处。四面群山环绕，脚下陡壁深渊，除了我跟永林，整个山野渺无人踪。倚在石壁上休息时，对面半

侧飞

上飞

平飞盘旋

下飞

永林说,这叠嶂起伏的群山,恰似一只只巨雕正展翅迎面扑来

乌雕奇遇

狂喜与惊惧中……

2015年2月18日大年三十上午9:00多.晴.10℃左右天目山东关溪山谷海拔约500米处.
一只孤独而威猛的乌雕从我们头顶几米处巡视掠过,翅展约1.5米.然后徐徐上升.隐蔽于群山.

山腰忽然升起一只风筝，这只风筝长着一副猛禽模样，似用暗黑色的绢纸糊就，正被山谷气流托举着，徐徐升高。这山里哪来的风筝？我正纳闷儿，永林已喊了起来："老鹰！"果然，那黑色的孤独身影开始盘旋上升，在黄绿杂糅的山谷中，划出一个比一个更阔大的圆圈。

我赶紧举望远镜观望。在蓝天和群山织就的巨幅幕布上，那鹰展开阔大的双翅悠然翱翔，那么舒展，那么自由，那么俊美。渐渐地，我看清了它健硕的身躯、乌亮的羽毛、紧握的利爪，还有它铅黑色的喙钩，是如此雄壮，如此威严，如此骄傲。

看着看着，黑色的身影越来越大，眼见就要扑到镜头上来。直到此刻，我才意识到，那根本不是普通的鹰，而是一只体形巨大的雕。放下望远镜的瞬间，一对巨大的黑色翅膀笼罩在我们头顶，遮蔽了太阳的光华，距我们仅有数米之遥。

孤傲、威严、肃杀，被它搅动的空气中，弥漫着令人窒息的紧张气息。它用冷峻的目光逼视我们，仿佛在喝令我们退去或是屈膝，喙的寒光让我胆怯，锋利的巨爪令我心惊，身体里猛然涌动起一种奇怪而古老的感觉，那定是人类祖先在数万年前，面对摄人心魄大自然的力量和美时，也曾经拥有过的。

短短的几秒钟，在我仿佛是一段极为漫长的时光，狂喜与惊惧把我凝固成一尊雕塑，唯有目光追随它的身影移动。

轻拍双翅，终于，它带着寒光远去。渐渐地，这位山谷之王重新化作山腰的一只"风筝"，隐落于茂密的山林间。

此时远眺群山，层峦叠嶂也好似一只只巨雕，卷着阵阵寒风展翅扑来。雄浑与荒蛮的气息，裹挟着我们，唤醒埋藏于我们灵魂深处的久远记忆，那是置身于广阔天地间的无比欢畅与静谧安详，叫人久久不愿离去。

回到客栈，我查阅资料，知晓了大雕的来历。原来它的名字叫作乌雕，是国家二级保护动物，天目山一带是它们理想的越冬栖息地。这里植被茂密，水源充足，即使在冬季也有大量的鼠、兔、野鸭等动物供它们觅食。陡峭的山崖，茂密的森林，为它们提供了安全而舒适的休憩之所。

天目山飞鸟
2015年2月15~22日
最高温18℃
最低温0℃.

斑姬啄木鸟
哒哒哒~~
极响亮的
啄木声在
永林身后2米
处响起……
东关溪山上海拔
约500米

鸱头鸺鹠
头向背转180°看着我们

红庙
附近
ou-ou, ou-ou
飞上15米高的水杉高处,小鸟惊叫飞逃

2只相伴
同飞同落

灰头麦鸡
ge-ge, ge-ge
站在土路上,
极好的保护色

三道眉草鹀(?)
响板石周边极
常见,喜鸣叫,
从背后看,极像麻雀
尾羽两边白,腹部
无斑纹纯浅棕色

红头长尾山雀
成群出现
极吵闹

竹林及灌丛中飞舞跳跃.

　　听客栈主人说,过去经常能在山里看见大鹰,现在却难得一见。生态环境的破坏,人类的猎杀,已经让太多的山野精灵濒临灭绝。

　　从此,那只盘旋于头顶的乌雕,就时常翱翔在我的心头,召唤着"自然的、野生的、自由的万物",我想,它就是利奥波德在《沙郡年记》中所宣扬的荒野的精髓、山野的魂。

　　全世界的人类文化异彩纷呈,缤纷万象,但追根溯源,又有哪一种能脱开大自然的激发与供养。失去荒野,人类失去的就不仅是其赖以生存和发展的一大根基,而且是不断滋养其灵感和心智的万道源泉。愿"自然的、野生的、自由的万物"与荒野永在!

短翅芫菁（干体）
海拔约1000米

麻皮蝽
飞到房间里.

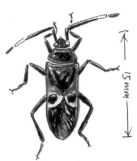

红蝽（干体）
响板石农庄房内.

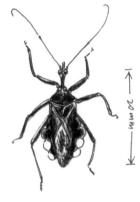

淡裙猎蝽（干体）
海拔1000米.

丽叩甲的残体
在河道的碎石间

异色瓢虫
刚刚苏醒,腿脚不灵活.

苎麻夜蛾（成虫活体）
农庄走廊及房内.

蝼蛄干体.
窗缝中.

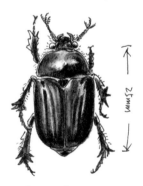

粪金龟（干体）
海拔500米左右.

天目山昆虫
2015年2月18～22日.

　　去山里游玩和考察，怎样避免被"吸血鬼"上身或造成进一步的伤害？下面的一些方法可以帮到你：

　　○ 穿长裤长袜出行，系好裤口，或是将袜筒套在裤腿外面；盛夏时节，山蛭会爬到树上袭击人的颈部，因此也应做好脖子周围的防护工作。

　　○ 不在阴暗潮湿的山路上或溪水边做过多停留。

　　○ 经常检查脚踝等部位，如发现蚂蟥叮咬，用力拍打周围肌肤，使其受惊脱落。

　　○ 不喝生水，防止幼虫、虫茧和有害微生物随水进入体内。

　　○ 随身携带碘酒或酒精棉，如被叮咬，及时清理伤口并就医。蚂蟥一般不会钻入皮下吸血，因此即使被叮咬，也不必过于担心。

　　出发前，在自然笔记里把你的特别"装备"也记录下来吧，这会令你的作品更加丰富、有趣。

一百三十六次触摸

　　如同童话故事《小王子》中，狐狸被小王子驯养一样，这一次，我们被大海"驯养"了。一百三十六次期盼，一百三十六次触摸，让我们的心中住进了一位叫作"海"的朋友。

　　之前，同事旅行相册里的蔚蓝海水、金色沙滩，还有椰林中的一抹斜阳，激起了我对海的无限向往。春节假期，终于，我们散步在了柔软而潮湿的沙滩上。一天、两天、三天，眺望大海，踏波戏水，海水、沙滩、椰林和斜阳，一样不少。可是渐渐地，假期似乎变得漫长起来，我们开始觉到乏味和无聊，就好像一日三餐，桌上只有米饭而无菜肴，吃着吃着，便味同嚼蜡了。

2016年2月4日 清晨7:00，晴，18℃ 微风
三亚海棠湾福湾一号，天蒙蒙亮，海边铅灰色一片，
渔船悠悠，两群白鹭从海中飞来。

第四天，初到海边的兴奋劲儿已消退了大半，懒觉睡醒，太阳早升得老高。永林歪在沙发上玩手机，完全没有想出门的意思。直到接近中午时分，我们才懒洋洋地溜达到海边。

正午的阳光灼得沙滩微烫，我们穿了凉鞋踏进水里，沿着潮线一路向前。岸边海浪起伏喧嚣，喜爱游泳的人们，不畏冬日海水的寒凉，光着膀子赤着脚，在浪花里嬉戏。走着走着，及至一处浅湾，风景并无二致，却不见了游人踪影。低头查看，脚下的细沙不知从何时开始，掺了许多粗糙的贝壳和珊瑚礁，若是赤足踩在上面，或者扑倒戏水，定会伤损肌肤。我俩举目眺望，潮线以下，海水的颜色更加幽暗，仿佛在那里，海底猛然向下倾斜，形成一座水下深谷。

我正心里思忖着，一个海浪涌来，浑黄的海水卷着大大小小的砾石，砸在脚

捡　　海

二〇一二年二月五日，天晴气朗，温度适宜，如在江南仲春时节，海南三亚海棠湾。游人稀少，一处拾好之地，我们在海浪的进退戏玩间捡海。在一波刚刚退去，一波又要追前之间，我们获得好多大海赠送的"宝贝"。

踝上，生疼生疼。可就在波浪退去的一瞬，奇迹发生了！海水变作澄明通透的一摊急流，而在这水流之中，翻滚着无数瑰丽的贝壳和珊瑚石。转眼间，它们滚过脚背，滚过黄沙铺就的海滩，最后，滚进大海的怀抱。

就好似猛然间发现了一处奇异宝藏，我和永林顿时兴奋起来。在大海呼吸般的波涛起伏间，我们开始侧着身，叉着腿，就像捉鱼人一样，捕捉急流中滚过脚背的"宝贝"。即使已经攥在手里，心中却依旧惴惴，担心快速回卷的潮水，会将"宝贝"从指缝里再次"偷"走。紧握的手，直到举到面前才松开，这一刻，是我们和"宝贝"的初见！

我的第一个"宝贝"，是夜光蝾螺。当它翻滚在水底沙石之上，我看见一团绿光在波纹中闪动；伸手探去，手心里握住一个沉重、坚硬、长着钝角的东西；托出水面，阳光下，笼着一层水膜的它，闪耀着翠绿迷人的光芒。尽管残损不全，它却让我最真切地感受到大海深处的色彩。

彩饰榧螺是永林的第一个收获。当"捉"到这个"宝贝"时，他就像孩子一样大叫起来，喊我赶快来观看。躺在他掌心里的这枚海螺壳，完整而美丽，流线型的螺体，精致乖巧；光滑的表面上，绘着有如彩陶纹一般的古老图案。永林把它握在手里，反复摩挲，仿佛在不断确认它的真实存在。

就这样，接下来的几天里，我和永林日日去守候那一摊急流。海水浸湿了衣裤，烈日晒黑了皮肤，所有的一切，都丝毫不能削减我们"捡海"的热情。双手探进清波的一刻，我俩心中涌动着无限的渴望，期盼触摸到一件不同的"宝贝"，结识大海里更多的形状、质地、色彩和花纹。等到手指舒展，"宝贝"现身，内心的巨大幸福感，超越了任何一张珍奇海螺照片，或是货架上任何一个海螺商品所带来的快感和愉悦。没有什么比亲手将它们从大海里摸出，能让我们更生动、更真切地体会大海的迷人之处了。直到此时，我们才真正意识到，大海绝非只是一汪蔚蓝的海水和如画的美景，海面之下涌动的万千生命，才是海洋真正的血脉。还有什么，能比亲手触摸到大海的脉搏更令人激动的呢？

在这之前，我和所有的"麻瓜"一样，不但叫不出各种海螺的名字，即使将

夜光蝾螺（残）
宽45mm. 质厚

彩饰榧螺
长52mm.

蝾螺科？种名不详.
宽30mm. 长23mm.

楠形芋螺
长5cm. 50mm.

疣缟芋螺
长63mm.

篱凤螺
长45mm.

笔螺科,
种名不详.
长46mm.

水晶凤螺
长54mm.

棒锥螺
长120mm.

橘色乳玉螺
长33mm.

双沟鬘螺
长45mm.

壳面　　　腹面

阿文绶贝（幼）. 长39mm.

眼球贝
长30mm.

拟枣贝
长22mm.

壳面　　　腹面

宝贝科，种名不详. 长21mm.

织锦芋螺（旧）
长33mm.

被牡蛎附着.

毛蚶线螺. 长58mm.

鸳王海菊蛤（残）
长45mm.

马蹄螺（残）
长42mm，宽40mm.

华贵类栉孔扇贝
长73mm.

双线紫蛤
长45mm.

壳面　　壳内

薄片牡蛎
长35mm.

杂色琵琶螺
长42mm. 壳薄

鸡爪拟帽贝
长20mm.

加夫蛤
长25mm

异纹心蛤
长30mm

壳面

腹面

渔舟蜒螺
长23mm.

褐棘螺（残）
长42mm. 质厚

它们摆在眼前，也不过认为那是一堆精美的"玩意儿"。然而现在完全不同了，我将它们带回家，查阅《中国海洋贝类图鉴》，一百三十六个"宝贝"，对应着一百三十六个美丽的名字。一遍又一遍，我们端详和抚摸它们，蝾螺的浑厚，芋螺的端庄，凤螺的婀娜，榧螺的乖巧，笋螺的纤秀，冠螺的巍峨，都叫人心动不已。而每一个"宝贝"，也都不再是玩物，它们是万千海洋生命璀璨的代言。

因为有了一百三十六次相识的记忆，因为有了超过一百三十六回亲密的触摸，我们和大海之间建立了一种奇妙的情感连接。就像《小王子》中，满怀期盼的狐狸和用心走近的小王子，无限真挚的投入，让他们成了真正美好的朋友。

不久前，朋友郑英女从境外旅行回来，她告诉我说，那儿的海滩禁止人们拾捡贝壳，哪怕是本地人也不行。听了之后，我的心绪有些复杂。毫无疑问，海滩上的贝壳对于生态保护具有重要的意义，贝壳是软体动物的分泌物所形成的一种钙化物，壳体除了含有大量的碳酸钙外，还包含由蛋白质、多糖等组成的有机物，这些物质分解之后，会继续滋养海洋生物的生长。而且，像寄居蟹这样的小生物，会利用螺壳作"房子"，如果海边的贝壳大量遗失，寄居蟹的生存必将受到威胁。因此，从这个意义出发对贝壳进行保护，我不但理解，而且拥护。

然而，目前许多海滨旅游地对贝壳的保护，更像是农场主们对私人物权的宣告。不允许游人对贝壳的"占有"和带走，其本质却是海滩所有者将贝壳的彻底私有化。其目的，很可能是想利用这些美丽的事物，吸引更多的游人，赚取更多的金钱。而这样的旅游景区所圈得的粉丝，多数依旧是"麻瓜"。通过手机和相机，他们获得了上百张风景照片，却一次也未能真正触摸过大海的心跳。

"只有驯养过的东西，你才会了解它。"狐狸对小王子说。人们如果未能被大海所"驯养"，也就无法真正了解她的美好与可贵。于是，在许多游客眼里，大海不过是蔚蓝的一汪海水、如画的海滨风光，而海滩上的绚丽贝壳，则不过是用来装点风景的可爱"玩意儿"。保护大海，到底保护的是什么？不能用心感知海洋的生命，又怎会懂得保护的真谛？如此，"保护海洋"，对多数人来说，便成了一句空洞的口号。

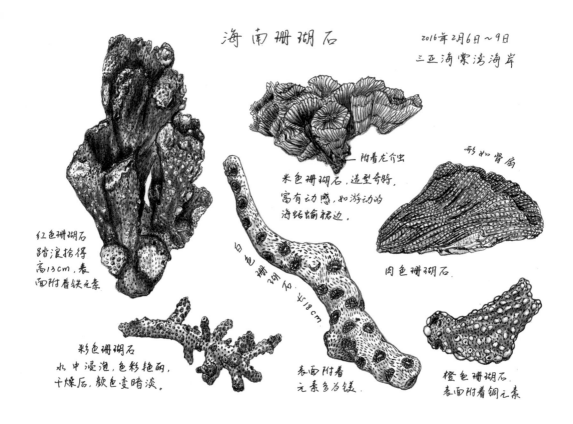

海 南 珊 瑚 石

2016年2月6日~9日
三亚海棠湾海岸

米色珊瑚石，造型奇特，
富有动感，如游动的
海蛞蝓裙边。
——附着龙介虫

彩如骨扇

红色珊瑚石
踏浪拾得
高13cm，表
面附着铁元素

白色珊瑚石 长18cm

肉色珊瑚石

彩色珊瑚石
水中浸泡，色彩艳丽，
干燥后，颜色变暗淡。

表面附着
元素多为镁

橙色珊瑚石
表面附着铜元素

　　这是谁的错呢？在我和永林看来，普通游客更像是旅游产业的牺牲品。因为他们所涉足的海滩，没能提供给他们用心感知大海生命的机会。我所了解的一些私营海滩和海洋自然保护区，到目前为止，仍然缺乏良好的环境教育项目设计，无法更深层次地引导游客体验探索海洋的乐趣。事实上，即使在自然保护区的缓冲区，也完全可以设计和开辟出一块区域，供游人捡拾贝壳，并允许少量私自占有。经由渴盼、寻觅到最后获得的"占有"，正是大海"驯养"游人的一种独特方式，它让人们借此得以感知大海生命的绮丽多姿。

　　狐狸对小王子说："本质的东西用眼是看不见的。只有用心才能看见。"光用眼看，大海只是一汪无边的蔚蓝海水，以及和金沙、椰林组成的美景；如果用心去看，大海则是怀抱着无数瑰丽生命的母亲，她有脉搏，有心跳，也有欢笑和眼泪。我们所要呵护的，不只是海水和美景，更是海洋中无数美丽而神奇的生命。

美丽的螺壳怎么画？我总结了一个小方法，供大家参考：

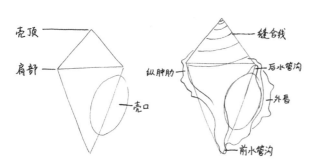

売顶

肩部

壳口

①以肩部为切分点，用两个三角形
勾画螺壳的上下两部分，用椭
圆形勾画壳口，注意图形的比例。

缝合线

纵肿肋

后水管沟

外唇

前水管沟

②在上三角形上画出螺旋层
的缝合线，在下三角形上勾
画出外部轮廓。

螺肋

结节突起

③在螺体上细心描绘出
螺肋和结节突起。

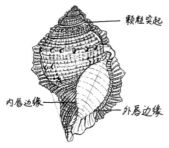

颗粒突起

内唇边缘

外唇边缘

④细心描绘出螺肋上
的颗粒突起，以及壳
口边缘的细部特征。

⑤擦去辅助线，简单
上色，完成作品。

海边拾贝安全指南：

○ 在礁石海岸拾贝，务必要当心芋螺的蜇咬。芋螺又名"鸡心螺"，是一种肉食性软体动物，靠分泌毒液来捕捉小鱼和自我防御。芋螺毒素具有神经毒性，切忌接触活体芋螺。

○ 海浪具有较大的冲击力和回吸力，逐浪拾贝对年龄小的孩子具有一定的危险性。可以像下面的这篇自然笔记一样，在沙滩上拾取被海浪冲上岸的"宝贝"，同样乐趣无穷。

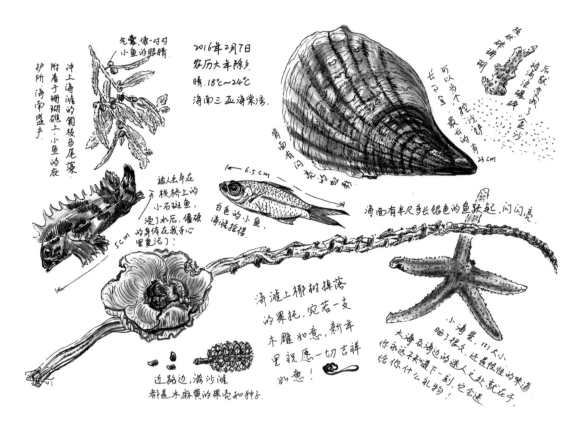

探秘寒武纪

平日里，我喜欢读一些情节曲折、悬念重重的寻宝探秘小说，其中丰富的想象力、庞杂而不乏有趣的知识，很是令人着迷。几年前偶然得知，有一处5.3亿年前的"宝藏"，就掩埋于离家不远的地方，我觉得自己终于可以像小说中的主人公一样，去亲身演绎一个"寻宝"故事了……哦，不，要是发掘过程过于顺利，那可绝对算不上精彩。没点儿让人心跳的情节，又怎能让人过瘾呢?

一脚"踩"进寒武纪

说干就干，故事开始。男女主人公手持"挖宝"神器——地质锤——上场。可是敲了半天，赫红色的岩片散裂一地，"宝贝"却连个影儿也没有。

"换个地方吧!"说着，故事的女主角——我——就沮丧地将地质锤丢在一旁，直起腰，拍打着毛线手套上的湿泥。

当然喽，哪有寻宝故事一开篇就现真宝的，主人公遇到挫折啦，经历冒险啦，那是老套情节的必备。不过说实话，尽管我也希望自己演绎的故事离奇精彩一些，但在今天这种极端的天气里，还是算了吧，我只盼着赶快找到"宝贝"，早点儿把故事画上个句号。

要说是站在凛冽的山风里，我被冻得龇牙咧嘴，直抽鼻涕……噢，那可不成!此情节虽然真实，但必须删去。寻宝小说里的女主角不都是英姿飒爽的吗，这副狼狈相，咋给人看?

"喝点儿热水!"故事男主角——永林——把保温杯塞进我手里。没错，就是这样，小说里的男主人公对待女士都十分体贴。然而，当我举起杯子一摇，里面哐当作响，水几乎见了底。切，这位可真不靠谱！

不过，永林可没意识到有什么不对，依旧沉浸在打造男主角"完美"形象的行动中。即使嘴唇冻得发乌，对我的建议也毫无反应，继续挥锤敲击。这大概就是寻宝故事里男主人公必备的"坚毅"品格吧！

"咦！"忽然，他拾起一块黄色的小页岩……难道，故事要迎来转机了？

"颜色不错，拿来写字倒挺好！"他自言自语道。

嘻，我还以为找到什么"宝贝"了呢！我瞥了那石块一眼，除了颜色发黄，简直没什么特别。

瞧我一脸不屑的样子，永林也没了兴致，随手将那岩块丢在地上，还一脚踩了上去，他想看看里面是什么色泽——刹那间，鲜黄色的碎片散裂一地，映衬在赭红色的湿泥上，就像绽开了朵明亮的花。他拾起其中一片……呵，难不成这黄不

2018年2月4日清晨，2℃，极阴冷。
云南澄江抚仙湖悦椿酒店后山。
山丘绵延，繁密的植被换上了冬装。
空气凛冽潮湿，走在山路上，
处处涌动着生命的喜悦。

裸露的山体，露出砂质沉积岩，这里有化石吗？

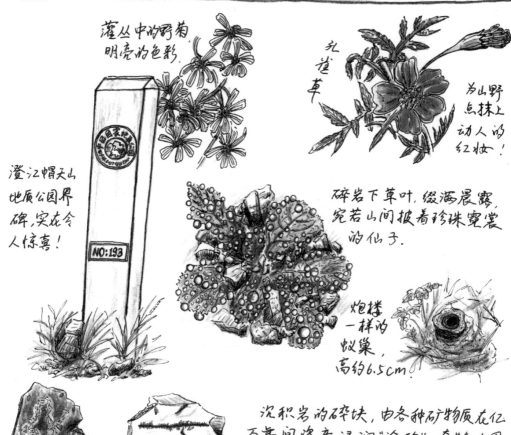

蓬丛中的野菊，明亮的色彩.

孔雀草

为山野点抹上动人的红妆！

澄江帽天山地质公园界碑，实在令人惊喜！

NO:193

碎岩下草叶，缀满晨露，宛若山间披着珍珠霓裳的仙子.

炮楼一样的蚁巢，高约6.5cm.

8.3cm×6.5cm×2.2cm   11.7cm×9cm×4.2cm

沉积岩的碎块，由各种矿物质在亿万年间恣意浸润"涂鸦"，奇特的图案和瑰丽的色彩，可与神奇的动植物化石相媲美！

敲成两半的沉积岩,上面"画"满奇异的图案,略有金属光泽,软锰矿?

山脚下及山对面,是一大片建筑工地,向下开挖的最深作业面约有十多米。

岩壁断面由沉积岩构成,像累叠起的厚厚书页。

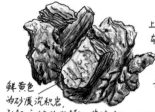

挖掘机将工地上开挖的岩块堆在车道两旁,各色土层和岩块,表明它们来自不同地质年代。

鲜黄色的砂质沉积岩,引起永林的兴趣。岩块6.7cm×4.2cm×3.5cm.

工地车道上开挖的岩层断面,约有三米多高,地层约有30多层,呈水平状。几乎所有地层均由砂岩构成,中间偶有黏土层。

发现一枚四叶的存轴草叶,会有幸运未临吗?

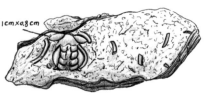

1cm×0.8cm

永林用脚踩踩这块砂质岩,我拾起一看,天啦,终于发现了化石!是三叶虫吗?

拉唧、泥巴一样的碎片上会有"宝贝"?我心中暗自好笑。果不其然,他瞥了一眼,又将它丢回地上。

动人的故事中,每当男主角惨遭失败,都少不了女主角贴心的安慰。于是,我弯腰把那岩片捡了起来,想宽解他几句。

"啊?"当岩片举到眼前,我却不禁大叫起来——"化石!"

一个清晰、对称、凹凸有致的印痕,就像一小块浮雕,"印刻"在平整的岩面上——"宝贝"现身啦!

怎么样，故事够有戏剧性吧？弄了半天，出门挖宝前，男主角居然完全不清楚"宝贝"长得什么样。难怪摆在眼前，他都认不出来呢！

在这个颇具喜剧色彩的故事里，糊里糊涂的男主角就这么不经意的一脚，让我们"踩"进了5.3亿年前的寒武纪！

"珍宝"档案

寻宝小说里，揭秘宝贝的传奇身世，是吸引读者的一大看点，因此，小说家们也总喜欢在上面大做文章。"宝贝们"要么是具有魔力的传世法器，要么是神秘的时空穿梭之匙，总之，年代久远、造型独特、力量强大，是"宝贝们"的必备要素。

巧了，在我们的"挖宝"故事里，"宝贝"刚好具备上述这些特点。最厉害的是，这"宝贝"绝非虚构，纯属真实！

年代：超级古老。寻宝小说里的古埃及法器、亚特兰蒂斯王国的失踪宝匣等，在我们的"宝贝"面前，简直连婴儿都算不上。我们这"宝贝"，距今已有5.3亿年！什么概念？这么说吧，它比地球上第一只恐龙诞生的时间还早2.8亿年，就连世界上最古老的昆虫，也比它年轻1.8亿岁。那会儿，这片"掘宝"地，连同整个喜马拉雅山地区一起，还浸泡在烟波浩渺的古特提斯海下。活着的"宝贝们"畅游海底，觅食嬉戏，它们哪能想到，自己所生活的这片海域，在距今7000万年前，竟然"一跃而起"，变成了崇山峻岭。更令它们诧异的是，原以为死亡是一场"灰飞烟灭"的生命仪式，没想到，数亿年后"无聊"的人类，却像发掘木乃伊一样，把它们从地底下"挖"了出来。

造型：奇特到令人困惑。尽管"挖宝"前，我熟读资料，就像寻宝故事里的主人公一样，不但要牢记藏宝图和线索，还得对"宝贝"的模样、构造和打开方式有全面了解，可是，等到"宝贝"出土，我却如堕五里迷雾。不是说好了吗，"宝贝"打开，应该是怪诞虫、爪网虫、奇虾之类的古怪面孔，现在怎么完全变

寻访寒武纪——化石发现之旅

2018年2月6日. 阴. 1℃~5℃
抚仙湖悦椿酒店后山建筑工地.
寒风挟带着水气吹向我们. 冰冷刺骨.

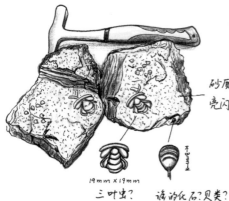

砂质岩上布满
亮闪闪的云母片

19mm×19mm

三叶虫?

谁的化石? 贝类?

化石的阴阳两面

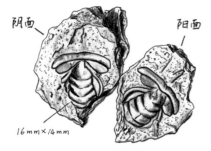

阴面   阳面

16mm×14mm

难道三叶虫就长这样?

岩层闻起来有
微微剌鼻的气味.

仿佛发现了
远古虫子的集体墓地.

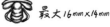
爪子?

最小 2mm×2mm

最大 16mm×14mm

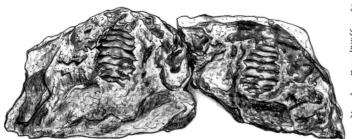

长翅的远古昆虫?

32mm

"翅"无凹凸感,   身体凹凸明显,
不确定是不是化石.   确定是化石.

化石阴面　　化石阳面

三叶虫背甲化石

砂岩 47mm×40mm×17mm　　化石 20mm×19mm

意外之喜！

一小块不起眼的黄砂岩中，竟敲出了半截三叶虫的背甲，这是我们发掘出的唯一一较完整的三叶虫身体化石。

了样？非但不张牙舞爪、奇形怪状，反倒极其呆萌可爱。那枚蓝色化石就更加古怪，居然长出了"翅膀"。莫非昆虫也玩起了穿越，从泥盆纪跑到了寒武纪？预设的"挖宝"情节又有了重大变动，看来，故事不曲折离奇是不行了！

力量：释放生命的历史记忆。以往小说中的宝物，没有一件能够与之相匹敌，想想看，有什么能比打开生命世界的大门更可宝贵的呢？地球的历史有 46 亿年之久，可其中近 40 亿年的时间里，生物的进化缓慢而低调。然而，到了寒武纪早期，光怪陆离的海洋动物却仿佛从天而降，突然诞生！这生命来得如此迅猛而热烈，古生物学家称之为"寒武纪生命大爆发"。从此，生命开始加速演化，最终进化出了人类。没错，如果没有它们，就不可能有后来物种繁茂的生命世界，也就不可能有我们人类！而所有这些生命历史讯息，全都来自脚下这片"掘宝地"和其他寒武纪地层出土的古生物化石，正是它们，记载了珍贵的生命历史信息。

"尸体大搬运"事件

对了，说好的海底怪虫，怎么变成了一副呆萌样？简直不科学！好吧，故事继续，这也是寻宝小说里常有的情节，在主人公困惑之际，巧遇"宝贝"知情人。

要论"挖宝"，说实话，我们连业余选手都算不上，现在，是时候去朝拜"挖宝专家"了。这些专业人士在山上挖出足球场大小的坑，发掘出100多种怪虫化石，他们的发现被誉为"20世纪最惊人的发现之一"。最重要的是，"挖宝专家们"没像我一样，要把"宝贝"藏起来，而是在发掘地建了个"澄江动物群"博物馆，将"宝贝"集中在一起展览，供人们欣赏、学习，这便有了澄江帽天山国家地质公园的存在。

真是无巧不成书！空空荡荡的博物馆里，刚好有一位讲解志愿者——古生物

2018年2月7日，阴，1℃~10℃。云南澄江帽天山国家地质公园，这是一个知性、含蓄、内敛的公园，在这个阴冷的冬日，游人稀少，我们有广阔的空间，让神思在寒武纪与现世的5.3亿年间自由穿梭……

地质公园大门，已经有了期待感！

博物馆里原风貌地保存了化石首发点的遗迹，这是令人敬佩的，是科学家们对历史的尊重！

首发点的山坡断崖，明显的沉积岩。

研究专家吴怀智教授，仿佛专门在等候我们的到来，简直就和小说里的情节一模一样，困惑之际，高人现身！

专业人士果然不同，吴老师才看了一眼化石照片，就有了答案。原来，我们"挖"到了一个壮观的三叶虫"公墓"，那是一次远古时期"尸体大搬运"事件所留下的遗迹。

5.3亿年前的古海洋中，生活着数量众多的三叶虫——海底"怪虫"之一。三叶虫死亡后，尸体会在泥沙中沉积下来。如果没有水流的搬运和搅动，随着泥沙等堆积层的不断加厚，固结成岩，它们就会变成完整的三叶虫化石。然而，海底构造往往起伏不平，沟壑纵横。海水在流动过程中，常会把高处的沙石和生物残骸携带至下游低洼处，形成堆积层。当海水向下游流动时，夹杂在泥沙中的三叶虫遗骸因外力的作用，就会发生解体。三叶虫的头甲是较完整的一块甲片，结构紧密，不易碎裂；胸甲和尾甲却是由多个体节组成，在流水冲刷和泥沙摩擦的作用下，极易解体，散裂成节。所以，当三叶虫的尸体被搬运至低洼地时，它们已经变成了一堆头甲和体节。形成化石后，头甲部分就成了我们眼中的一堆呆萌"虫形生物"。

那"蓝色昆虫"又是什么情况？对着照片端详了片刻，吴老师带着我们走到展柜边，停在"跨马虫"的化石前。果然，虫形生物的"大肚子"，正对应着跨马虫的躯干部分。"类似翅膀的蓝色部分，并不是化石，它们是矿物质渗透进岩石留下的痕迹。化石呈蓝色，也是因为在形成过程中，虫体的有机质与蓝色矿物质发生了交换。"吴老师的解释，让我们拨开迷雾见青天，原来，这"宝贝"是另一只传说中的海底"怪虫"！

至此，两个业余"挖宝人"的寻宝故事结束，有点儿曲折，又有点儿搞笑，还有重量级"宝贝"来撑场子，往后跟大自然学堂里的同学们分享起来，肯定不会太没面子了吧！

莱得利基虫（早期三叶虫）

头甲

胸节
（破碎成片段）

颊刺

背甲分为基本等宽的三个部分，故名"三叶虫"！

全长10cm

一尾刺

可爱的月牙形的眼睛.

以海藻、小动物或动物尸体为食.

澄江小舌形贝

不足5mm

基岩上仅见见壳化石，未发现完整肉茎.

不足3mm

贝壳及肉茎化石，全长约26mm.

原始无铰纲腕足动物，生活在软泥穴或沙穴中.

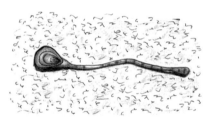

跨马虫

矿物渗透 非化石.
化石部分长27mm.

化石
全长约25mm.

得名于帽天山西边的跨马村，节肢动物，是一种底栖游泳动物.

　　对于大自然学堂的许多同学来说，地质学知识总是显得过于专业。那么，一个"门外汉"，怎样才能着手创作出精彩的地质探索类笔记呢？我的一点儿心得体会，与大家分享：

　　○ 一次小小的"科考"经历，强过上百次到博物馆参观。尽管在博物馆里照着矿物、化石也能完成一篇漂亮的自然笔记，但玻璃展柜中的物品永远和我们保持着相当的距离。我们不知道它们来自哪种地层，也永远也法知晓它们的原生状态。相反，如果我们来到一处山崖，即使仅仅是从这石土相杂的岩层中，随手取下一块岩石进行观察，也能获取大量的地质学信息。比如，崖壁是由黏土还是岩石构成？岩壁上是否能读出不同的地层？取下的石块来自哪一层，距地表约多少米？石块的质地如何？等等。将这些信息记录下来，就能得到一篇内容丰富的自然笔记作品。

　　○ 查阅资料或请教行家，深化笔记内容。地质科考类自然笔记，可以做成系列作品。当第一篇野外科考记录完成后，及时查阅资料或求教于专家，对野外发现做深入研究。比如，这样的地层大约形成于多少年前？是什么力量造就了这一地质面貌？取下的岩石属于什么岩，它说明这里曾经历过哪种地质变动？等等。一旦掌握了这些信息，将它们记录下来，毫无疑问，就会得到一篇具有科研价值的精彩作品。

触碰远古祖先的世界

人类的历史到底有多漫长？直至现在，古人类学家也没有给出统一而确切的答案。不过，多数学者认为，现代人类共同的祖先"晚期智人"大约出现在4万年前。

祖先们的生活环境是什么样的？他们是否也和我们一样，拥有丰富的情感？由于没有时空穿梭机，很长一段时间以来，我的跨时空拜访就只能停留在想象上。

然而，有那么一两次野外的奇遇，让我似乎冲破了数万年时光的隔阂，触碰到了祖先所生活的自然环境，以及他们丰富的心灵世界。

刻进石头里的记忆

2013年暑假，我跟永林回内蒙古探亲。在家休息了两天，婆婆说："我们这儿没啥好玩的，连山也是光秃秃的。"光秃秃的？什么山会长成这个样子，我颇为好奇。婆婆笑了笑，说："大阴山啊，全是石头圪垯，树也没有一棵。要爬的话，我带你们去。"大阴山？"敕勒川，阴山下。天似穹庐，笼盖四野。天苍苍，野茫茫。风吹草低见牛羊。"《敕勒歌》里写的莫非就是它？有谁不想去看看古民歌中咏唱的迷人山麓呢？

第二天，婆婆、红梅姐、永林和我，乘着车子向阴山进发。透过车窗望去，阴山连绵的山峦，像是笼罩在一袭暗纱之下，看得并不十分真切。车子驶过乌拉特后旗东升庙，道路变得崎岖起来。车轮扬起的尘雾中，只见那山渐渐高耸，颜色也显露出来。婆婆说的似乎没错，这绝不是一座青翠秀丽的山峦，赤黄色的崖壁仿佛被烤焦了一般，暴晒在阳光之下。车路两旁的土地，黄沙遍地，野草稀疏，

阿尔泰狗娃花,

在贫瘠的山梁上骄傲地盛开.

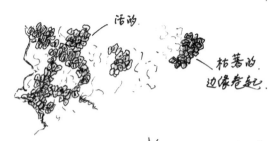

石英石上的壳状地衣,极坚硬.

活的.

枯萎的.
边缘卷起.

身长约7cm的沙蜥.
极速狂奔,完美的保护色.

小叶片顶端进化
成针状.

株高30厘米
的不知名植物,小叶
细碎而有肉质感.

来美的小花,
一簇簇地生长

花瓣4片.

山上满是苔藓

海拔越低,
数量越多.

山坡上耀眼
的鲜黄色花
朵,花瓣斑
块有两型

褐色斑块
的似乎分布较广

2013年7月16日.中午至下午4:00.
内蒙古乌拉特后旗大坝口.
无云的晴空,紫外线极强.32℃.
阴山干旱的环境造就了奇特的物种,
植物多数长刺,极耐旱.

灰色斑块
的似乎在山
梁的另一侧

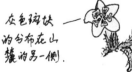

两种叶上都密
被绒毛

完全没有"风吹草低见牛羊"的景象。

下了车，站在山脚，我不免有点儿惊愕，上山的起点竟是一处废弃的矿区。山体上被人为炸开一个巨大的裂口，沿着这裂口边缘，我们缓慢向上攀爬。山崖上没有树，灰黄的巨岩毫无遮挡地暴露在阳光之下。石缝中，荆棘丛生，手脚停落之处，都需十分留心。

我一边小心地应付着"刺头们"的热情"招呼"，一边好奇地打量着它们。干旱少雨的山坡上，蒺藜和其他许多植物为了防止水分蒸发，把部分茎叶进化成了棘刺。这样做，当然还有个好处，如果有什么食草动物想要动它们的歪脑筋，也得首先考虑一下嘴唇的感受。山石之间，偶尔也有不长刺的植物，然而它们也有抗旱保水的"法宝"。有的变成了"多肉型"，用迷你的肉质叶片储藏水分；有的叶片上长满绒毛，用来挡住气孔，防止水分蒸发，并减少阳光的直射。除了植物，山坡上的其他生物，也都很好

昆虫以蝗虫居多。

风化的岩石。
土壤稀少。
山脚沙化。

蒺藜等耐旱
植物，多刺。
种类较多
无高大树木

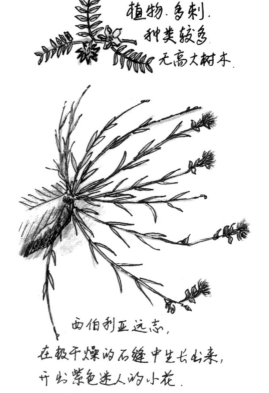

西伯利亚远志，
在极干燥的石缝中生长出来，
开出紫色迷人的小花。

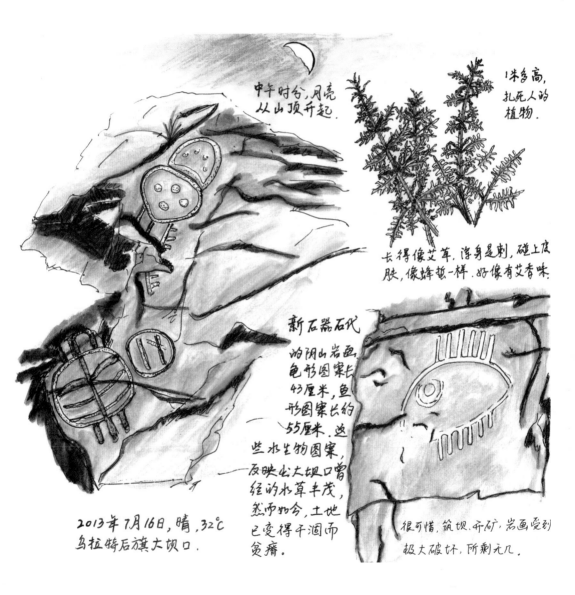

中午时分,月亮从山顶升起.

1米多高,扎死人的植物.

长得像艾草,浑身是刺,碰上皮肤,像蜂蛰一样,好像有艾香味.

新石器石代的阴山岩画,龟形图案长43厘米,鱼形图案长的55厘米.这些水生物图案反映出大坝口曾经的水草丰茂,然而如今,土地已变得干涸而贫瘠.

2013年7月16日,晴,32℃
乌拉特后旗大坝口.

很可惜,筑坝,开矿,岩画受到极大破坏,所剩无几.

地适应了干旱的山地环境。壳状地衣拥有岩石般坚硬的外壳，能够将内部的藻类保护起来，防止它们因干燥而死亡；沙蜥的肚皮洁白如雪，可以反射沙石上辐射的高温，并帮助散热。

就在我埋头做笔记的时候，婆婆、红梅姐和永林已经爬到了半山腰。我抬头在山石间寻找他们的身影，忽然，一些神秘图案出现在我的视线里。左侧的石壁上，镌刻着一只乌龟，还有类似桃花水母一样的生物。我赶紧喊他们下来看，这个发现让大家兴奋不已，开始分头去寻找更多的图案。不久，在距乌龟不远的山石上，永林找到一条"大鱼"。那鱼的眼睛浑圆巨大，背鳍和腹鳍犹如两排挺立的旗杆，整齐而对称。

站在炽热的阳光下，环顾四周，我们的感受别说有多奇怪了。瞧吧，眼前的山石因干旱而皲裂，蒺藜和它的邻居们在焦渴中挣扎；然而石壁之上，鱼儿和乌龟却仿佛在水中快乐游弋。这"水旱"两重景象，形成了鲜明对比。我轻轻摩挲着岩石上的鱼儿，似乎听到了一条远古山涧的鸣唱，手指下的岩石，是否也曾被那飞溅的水花浸润？

直到后来重返山脚，找到了当地政府撰写的"大坝口岩画"碑铭，我们才弄明白岩石上神秘图案的来历。原来，岩画中的鱼和龟，生活在1万年前的新石器时代。那会儿，这片阴山山麓的自然环境与现在迥然不同，非但不干旱，反而植被丰茂，水流潺潺。鱼儿、乌龟还有其他许多小生物，在溪水和湖泊中畅游。我似乎看到，水荡边，身着兽皮的人们，或渔猎，或嬉戏，然后怀揣着某种浓烈的情感，爬上山崖，将鱼儿和乌龟的身影，永久地镌刻在山石之上。

阴山的丰饶，一直持续到距今约2000年的东汉时期，从那时起，中国气候慢慢由暖湿转为干冷，再加上人类活动的不断破坏，阴山的生态环境发生了翻天覆地的变化。

万余年间，沧海桑田。如今，唯有石头上的画作，依然铭刻着远古的记忆，让我们重新窥见阴山当年的风貌，触碰到祖先们曾经生活过的世界。

这是我们在大坝口找到的岩画,
其他的是内蒙古巴彦淖尔博物馆
里的岩画。
2013年：3月23日1~7℃晴

这是婆婆为博物馆里的岩画做的自然笔记。通过这些岩画可以推测，大约
1万年前，阴山一带广布森林和草原，有成群的野兽在山林间奔跑

写进基因里的恐惧

江南地区，6月刚过，天气就热了起来。在盛夏来临之前，我们决定冲出上海，来一趟小小的远行。于是，婆婆、永林和我乘了火车，到南京去爬紫金山。

在郊野山中短住，早晚有的是闲暇时间，客栈周围的每一棵树，都成了我新结识的伙伴。屋前一位名叫"朴树"的朋友，让我颇有些担心，它的叶片上长满密密麻麻的小突起，仿佛生了可怕的疾病。

仔细看那些突起，一粒粒朝天挺立，就像牛头的尖角，又像高耸的宝塔。我撕开一片树叶，想要瞧个究竟，结果却发现，尖角里什么也没有。把叶片翻过来，尖角的底部有一个圆形的蜡质壳，壳的边缘翘了起来。上网查阅资料，才知道了造角者的名字——朴树朴盾木虱。春天的时候，从虫卵里孵化出的木虱幼虫附着在叶子背面，制造出一团团椭圆形的白色蜡壳。随着幼虫不断长大，叶子表面会逐渐隆起，形成尖角状的虫瘿。待到羽化之后，木虱就从蜡壳的边缘爬出去，飞离这些神秘的小塔楼。

揭开了"小宝塔"的秘密，我顿时觉得这些长满虫瘿的叶片变得有趣起来。不过，并不是所有人都能像我一样，趣味盎然地去观察它们。

我的一个朋友，简直患有"密集物恐惧症"，一看见小东西聚集在一块儿就浑身起鸡皮疙瘩，甚至连看到成群的蚂蚁也会觉得恶心，眼前的这些叶子，别说请她来观察了，就是直视一下，估计也难做到。一直以来，我以为自己和密集物恐惧症没什么关系，直到有一天，目睹了一场"奇观"，我和永林也开始怀疑自己患上了这种"毛病"。

那是到杭州灵隐寺的一次游玩。4月里，常春油麻藤的藤茎如巨蟒般穿

紫金山之夏
2011年6月3日至5日，南京。
3日多云，最高温33℃。4日下了小雨。

枫香的刺球果。

月桂的果实熟了，掉落一地。鸟儿吃了连粪便也是深紫色的。

阔叶十大功劳。果子有甘甜的味。

树叶上的虫瘿，被绒毛。

不知名的草本植物，满山皆是。

朴树叶上奇特的虫瘿，长约4mm。

←4mm→

类青新圆蛛幼体？体长4mm，嫩绿色。

蛇蛉，体长15mm，雌性，有产卵管。

←8mm→
极会跳跃。

石栏上奇特的小虫，身体缩在掩体里，缓慢爬行，全长7mm。

←15mm→

落满梅子的草地，是蚂蚁的天堂，3种不同大小的蚂蚁。梅子闻起来像杏子一样，却极酸。

4月27日，晴，前些日子多雨，
山路上潮湿得很，14℃~29℃
浙江杭州灵隐寺山上。
永林和我进入一处幽僻无人
之境，碗口大的常春油麻藤
花朵，悬挂在藤蔓上，如张
开的血盆大口。遍地的浙山蛩
看得人头皮发麻，心惊胆战！

浙山蛩
超级大马陆，
长约13cm，鲜
艳的警戒色，聚在一起，散发出
浓烈的臭味。

足多到让人
不忍直视，
实实在在
的"倍足纲
动物"！

行山间，它们钻出石缝，飞跨林间，还不时从高处悬挂下来，在山石上匍匐前行。光秃秃的茎蔓上，硕大的紫红色花朵争先绽放，仿佛次第张开的血盆大口。循着"巨蟒"交错的山路前行，我们逐渐步入一处荒僻之境。低头寻觅山路时，却猛然惊惧起来，只见落叶丛中，有上百条橙黑相间的大虫子，扭动着，卷曲着，纠缠着，密密匝匝地爬满山坡，刹那间，一股凉气直窜脑门，手臂上的汗毛倒竖。就在此时，一阵腥风掠过，呛得我差点儿呕吐出来，永林也跟着屏住呼吸，半天说不出一句话。哎呀，不知不觉间，我们的双脚竟踏入了一片浙山蛩（qióng）的领地。

　　要说这浙山蛩，尽管它的分泌物有一定毒性，但却并不会对人体造成伤害。若在平时，路上遇见一两只，我不但不害怕，还可能捉到手心里把玩。然而此时，面对成群的浙山蛩，我们却感到无比恶心。莫不是，我们也患上了"密集物恐惧症"？

　　好奇心的匣子一旦打开，关也关不住。我回家查阅了一番资料，对这种"毛病"多少有了一点儿了解。

　　有人说，这只是人们的一种心理反应，可能源于某次不愉快的经历。但也有学者认为，这种恐惧的来源，应当与远古人类的生活环境密切相关。那时，祖先们的生产、生活离不开大自然，一些群居昆虫或昆虫集中产下的虫卵，以及各种毒物沾染皮肤后引发的疱疹，等等，都曾给人类带来过种种威胁和困扰。于是，祖先们就把这种生存经验通过基因一代代遗传下来，直到现在，当有人看到密集物体时，依然会从心理上选择逃避。

如果基因遗传的说法可靠的话，那我们在山路上的遭遇，就再一次让我窥探到了祖先们的世界：毒虫与病痛经常性地侵袭着他们，让他们感到担心和恐惧，而人类绵延相续的生命，又是何等脆弱与敏感。

我发现，不少人像我一样，多少都患有一点儿"密集物恐惧症"。当看到蜈蚣和马陆密集的足时，他们吓得几乎要闭起眼睛来！于是，在做自然笔记时，就胡乱画上一些足，结果把这两种小动物画成了"二不像"。事实上：

○ 蜈蚣每个体节上只有一对足，属于唇足纲动物。

○ 马陆每个体节上有两对足，属于倍足纲动物。"倍足纲"，顾名思义，当然足要比别人多一倍喽！

蜈 蚣   马 陆

蜈蚣和马陆足的画法

跟着学长闯入虫虫世界

　　大自然学堂里的学员没有年龄限制，同学们是按入学时间的长短和学识的高低来分年级的。虽然我的年龄比许多同学大，但是因为入学比较晚，所以我要管那些年龄小的高年级同学叫"学长"。

　　跟着学长到大自然学堂里学习，一路上总会有不少收获。前面曾经提到过的朋友浩淼，也是我的学长之一呢！记得我读一年级时，浩淼已经是大自然学堂三年级的学生了，不论是对昆虫还是水栖生物，他都非常了解。初秋的一天，我们到上海科技馆湿地的小树林里做生物观察，走着走着，忽然，浩淼带着大家闯进一个妙趣横生的虫虫世界。

　　顺着他手指的方向，树枝上、草丛中，各种各样的虫虫开始在我们的眼前一一亮相：灰绿色聒噪的蒙古寒蝉，脚多如麻的蚰蜒（yóu yán），还有拍着翅膀一晃而过的黑脉蛱蝶。天哪，以前我可从来没有想过，在那么小的地方，生活着这么多的虫虫！

一只死去的白星花金龟.体长2cm.上海十分常见

白色绒状横纹.

甲鞘凹凸不平.青铜色.

蒙古寒蝉
雌性.加翅约3.5cm.

樟巢螟

白色幼虫
10只, 2mm.附着于香樟叶背面.

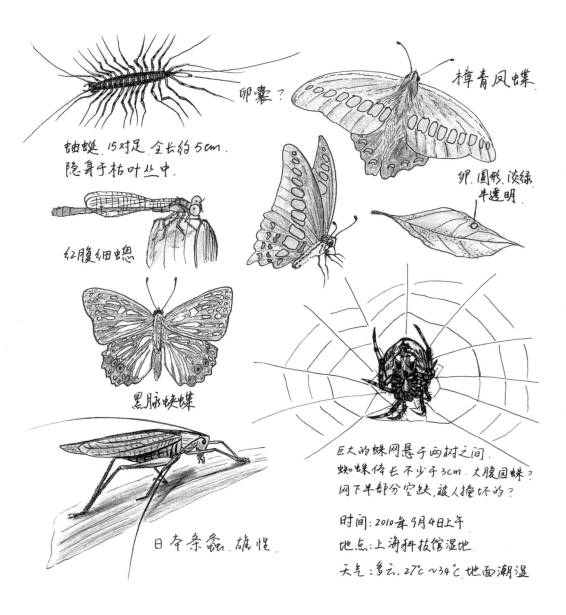

卵囊?

樟青凤蝶

蚰蜒. 15对足. 全长约5cm.
隐身于枯叶丛中.

卵. 圆形. 淡绿
半透明.

红腹细蟌

黑脉蛱蝶

巨大的蛛网悬于两树之间.
蜘蛛体长不少于3cm. 大腹圆蛛?
网下半部分空缺. 被人撞坏的?

时间:2010年9月4日上午
地点:上海科技馆湿地
天气:多云, 27℃~34℃地面潮湿

日本条螽. 雄性.

大家瞪大了眼睛，好奇地东张西望，好像久被蒙蔽的双眸，终于因"魔法"而变得明亮起来。"咦，这个是鸟巢吗？"香樟树下，我拾起一团奇怪的枯树叶。"你拿着虫便便了，"浩淼眨着眼睛笑了起来，"是樟巢螟呀！"一听是便便，我立刻把它丢到了地上。过了一会儿，忍不住好奇，又捡了起来，我倒要看看"樟巢螟"是何方神圣！定睛细看，果不其然，树叶被密密的虫丝连缀在一起，一粒粒的小圆疙瘩挂在虫丝和树叶上，多得数也数不清。不用问，这些黑乎乎的小颗粒就是虫便便了。原来，樟巢螟的幼虫喜欢过集体生活，它们吐出丝线把树叶连缀在一起，躲在里面大啃大嚼，然后把便便拉得到处都是。唉，虫子们总是这副德行，吃喝拉撒从不分分清爽。

还有自然笔记里那位坐在八卦阵里的蜘蛛将军，体形壮硕，阵势更是惊人。尽管它的蛛网下半部分已经神秘失踪，但就这半张蛛网，也巨大到让人惊叹。这时，浩淼转身从树林里找来一根长棍子，嘿，他该不会用木棍把蜘蛛挑下来吧？我正担心，他却突然神秘兮兮地问："蛛网可以粘住昆虫，但为什么不会粘住结网的蜘蛛？"我抬头看蛛网，真希望这时候蜘蛛大人能把答案织在网上悄悄地告诉我，可它却坐在那里纹丝不动，根本不搭理任何人。同伴们都仔细研究起了蜘蛛网，但是过了好一会儿，都没一个人吱声。

把我们这些低年级同学通通考倒，浩淼一定得意坏了。他笑着举起棍子，轻轻碰了一下蛛网的纵丝，棍子与丝线只是轻微地接触一下便分开了。然后，他又用棍子轻轻碰了一下横丝，有趣的现象出现了：当棍子准备离开丝线的时候，蛛网仿佛被棍子牢牢地吸住，粘在上面，随着棍子的运动方向，发生了巨大的颤动和偏移。原来，蛛网上的纵丝是没有黏性的，而横丝则相反，具有极强的黏性。浩淼说，蜘蛛在网上活动时，为避免被粘住，常会选择在没有黏性的纵丝上行走。接着，他让我们仔细观察那些横丝，这才发现，上面有许多微小的水珠状凸起，正是这些黏黏的液体，让横丝具有了黏性，从而让落网的小虫难以脱身。

瞧，我没说错吧，跟着学长在大自然学堂里学习，总能有许多意想不到的收获。在求学路上，我得到了许多学长的指点和帮助，我想，与他们的结识又何尝不是一种人生的奇遇呢！

2011年2月13日崇东苗圃

咬破的出口.
茧紧贴在梅树枝上,
长4.5cm,灰白,紧密的
丝使茧柔软而坚韧.

茧中破碎
的蛹壳.

壳上有粉末状物质.

背面
两片树叶
交叠粘裹.

正面
茧长3.7cm.

3月5日崇东女贞林.

树梢上的一个蛾茧.女贞
树叶已被啃食殆尽,树梢
上悬挂着数只蛾茧,沉甸甸的,等待羽化.

绿尾大蚕蛾茧
5.2cm×2.4cm×2.3cm

出口.

2011年3月5日崇东林地.

掉落在枯叶堆中的
大蚕蛾茧,茧皮较密
实,上有残破的小孔.
茧中有皮蛹的头和尾部.
周边树木以女贞为多.

形态各异的蛾茧

蛹背
已发黑.

蛹长2.3cm.

蛹腹面.

蛹背面.

2011年7月24日,剖开密实的
茧皮,露出了死去的蛹.蛹已经
变得很轻,透过阳光看,半透明.

化蛹时蜕的皮.
皮周有几粒类似
寄生蜂的茧.

长2.5mm.

蛹可能被寄生了.

跟着另一位具有传奇色彩
的学长姜龙——网名"萤
火虫",我们一路上不但
认识了许多物种,更懂得
了生态保护的意义。这篇
自然笔记里形形色色的蛾
茧就是他带着我们在林地
里找到的

　　浩淼教我一种画蝴蝶的方法，我把它整理出来，供更多低年级的同学学习：

蝴 蝶 的 翅 膀

①身体由三部分构成.

头部
胸部
腹部

②前翅和后翅均长在胸部.

③4个三角形构成翅膀的基本形状.

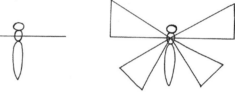

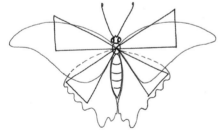

④在三角形基础上勾画出翅膀的轮廓.

⑤擦去多余线条，记录翅脉与翅斑.

当家人遇上大自然

想测试一下家庭每位成员的性格吗？教你一个好办法，和家人一起到大自然中走走，仔细观察他们面对各种生物时的表现，很快，你就能知晓答案了。

假期里，我和家人一起到大自然里玩耍，当看到公园里培植的水葫芦时，我惊讶不已：哎呀，这些繁殖力惊人的外来物种怎么种到公园里了？老爸则一副不以为然的样子：别大惊小怪的，"化敌为友"嘛，也可以利用水葫芦的根须来净化水体呀！瞧，见多识广的老爸，遇到什么稀奇事儿都泰然自若。不过，要是以为老爸遇到所有的小生物都能气定神闲，那可就大错特错了。山里就有一种蘑菇，对他极具"杀伤力"，那就是美味的珊瑚菌。这不，一上山，老爸就一头扎进树林里，没过一会儿就听到他高声叫喊："喂，又找到了一把蘑菇！"猜到了吧，他可是我家的馋嘴"美食家"呢！

到大观楼公园游玩，我和老妈几乎就干一件事儿——找树洞，掏虫子。这里的柳树惨透了，被虫钻出好多好多的洞。为了掏虫子，我们不惜多买了几串烧烤，因为吃完烧烤的长木棍刚好可以用来掏虫洞。大自然老师也许早就想好了要给老妈一个"惊喜"，只见她的棍子一插进树洞，从里面立刻蹿出一只"大家伙"。哎呀，好大的一只壁虎！情况太意外了，我们都吓了一跳，老妈更是连声大叫"麻蛇子，麻蛇子"，一蹦几米远。我小时候就知道老妈怕壁虎，哦，不单单是壁虎，身上长得疙里疙瘩的她都怕。偏就这么巧，后来爬山的时候，"噗咚"一声，枯叶堆中的一只大蟾蜍跳到了老妈面前，又吓得她大叫。哈哈，当大自然老师和老妈相遇时，真的有好戏看呢！

关于大自然老师格外宠爱永林的事儿，我想你早就知道了。当我们在山路上休息时，大自然老师不声不响地，将一只漂亮的大刀螳放到了他的脊背上。我一

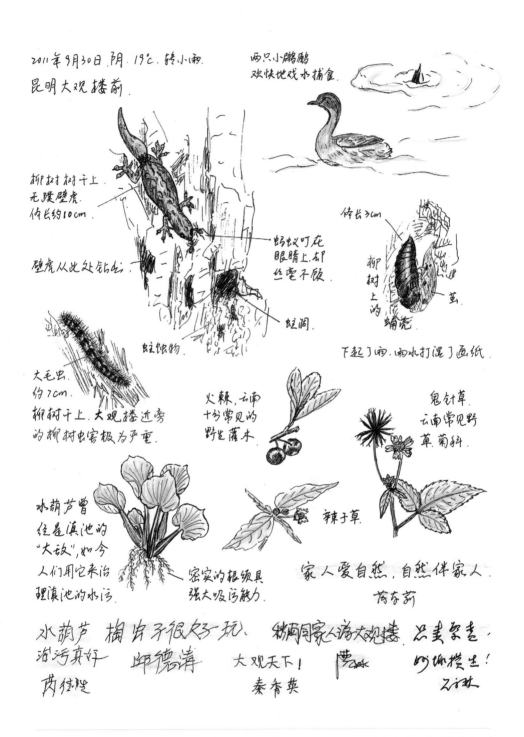

2011年9月30日 阴. 19℃. 转小雨.
昆明大观楼前.

两只小䴙䴘
欢快地戏水捕食.

柳树树干上
无蹼壁虎.
体长约10cm.

壁虎从此处钻出.

蚂蚁叮在
眼睛上. 都
丝毫不顾.

蛙洞.

蛙饵物.

体长3cm.

柳树上的

茧.

柳树上的蛹壳

下起了雨. 雨水打湿了画纸.

大毛虫.
约7cm.

柳树干上. 大观楼近旁
的柳树虫害极为严重.

火棘. 云南
十分常见的
野生灌木.

鬼针草.
云南常见野
草菊科.

水葫芦曾
往是滇池的
"大敌". 如今
人们用它来治
理滇池的水污.

密实的根须具
强大吸污能力.

辣子草.

家人爱自然, 自然伴家人.

车前草

水葫芦
治污真好
芮佳楗

榴骨子很好玩.
邱德清

林俩同家人游大观楼
大观天下!
秦香英

总是要走
妙㙮揽生!
乙谋

同行的家人为我的自然笔记题了词。单从这些题词中，你是不是也可以看出每个人的性格特点呢？

转身，猛地看见这个挥舞双刀的家伙正朝永林的脖子奔去，雄赳赳气昂昂地，我惊得大叫起来，老爸则不慌不忙，一挥手就把螳螂拨到了草地上。永林不但没受到惊吓，还戏弄着"落草"的大刀螳，得意地说："看吧，连螳螂都喜欢我！"唉，做人就不能低调点儿吗？永林在大自然里只是贪玩，从来不肯动手做记录，直到我在山上记得手都酸了，他才极不情愿地帮我

山珠半夏.
（天南星科）

画下了山珠半夏的模样。可别说，这家伙懒是懒了点儿，画得还挺像。

　　婆婆第一次到昆明，我们带她去看公园里粗壮的大桉树，因为这种树在婆婆的家乡根本看不到。婆婆望着高高的树冠和扭曲的树干，轻轻地赞叹道："咦，好大的树呀！"接着就仰头观望，站在大树下一声不吭了。离开的时候，她从地上捡起几个桉树的果实轻轻掖在口袋里。嘻嘻，老爸老妈一定觉得婆婆的行为有点儿奇怪，只有我和永林知道，婆婆这是为做自然笔记而进行精心的准备呢！果不其然，一进家门，婆婆就把她看到的大树和果实记录了下来，这又写又画的本领，可是让老爸老妈开了眼界。

　　在大自然里玩耍，一路上有家人相伴，每一个平凡的故事都充满了温馨与爱。因为有了共同的分享，与大自然精灵的每一次邂逅，就都成为一次美妙的奇遇。也许你和我一样，正期待着和家人到大自然里的又一次奇遇吧！

会写英文字母的
横纹金蛛
体长约18mm
内圈网不十分规则

藤.林中极多,
嫩茎可作菜。

五节芒
(寒芒)?

枯叶中的
蟾蜍,猛
地一跳,把
妈妈吓坏了。

鞍叶羊蹄甲
花冠宽约1cm.

不知名野花
紫.黄.白.是高山
花卉的主打颜色。

珊瑚菌.

爸爸采到的
极美味.

紫茎泽兰

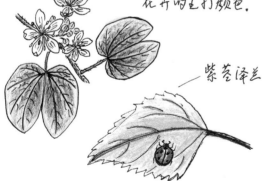

依旧随处可见,尚未泛滥成灾.
感谢那些生命力旺盛的本地物种.

狗骨在红土地上
的脚印.极具黏性
的红土.热情豪迈.

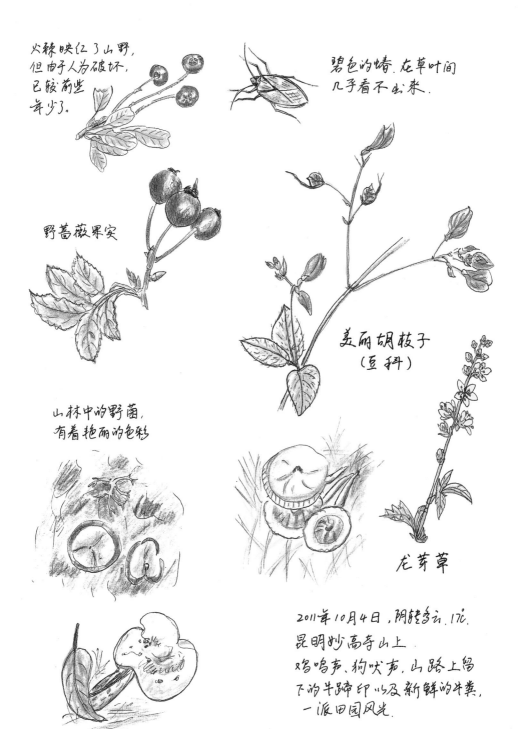

火辣映红了山野，
但由于人为破坏，
已较前些
年少了。

碧色的蜡, 在草叶间
几乎看不出来.

野蔷薇果实

美丽胡枝子
（豆科）

山林中的野菌,
有着艳丽的色彩

龙芽草

2011年10月4日, 阴转多云. 17℃.
昆明妙高寺山上
鸡鸣声、狗吠声, 山路上留
下的牛蹄印以及新鲜的牛粪,
一派田园风光.

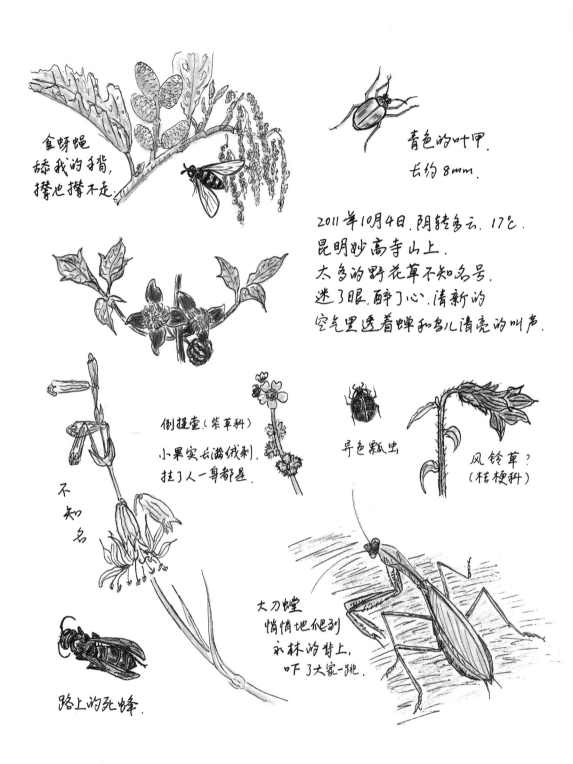

食蚜蝇
舔我的手背,
撵也撵不走.

青色的叶甲.
长约8mm.

2011年10月4日. 阴转多云. 17℃.
昆明妙高寺山上.
太多的野花草不知名号.
迷了眼. 醉了心. 清新的
空气里透着蝉和鸟儿清亮的叫声.

倒提壶.(紫草科)
小果实长满绒刺.
挂了人一身都是.

异色瓢虫

风铃草?
(桔梗科)

不
知
名

大刀螳
悄悄地爬到
永林的背上,
吓了大家一跳.

路上的死蜂.

不知名
野花

棒络新妇

山珠半夏
(天南星科)

极复杂的多
层立体蛛网.

鼠麴草
漫山遍野

鸡蛋参
(桔梗科)

花瓣3枚
花丝长满绒毛
鸭跖草科

绶草
(兰科)
二级保护植物.

毛虫满路都
是,挺吓人的.

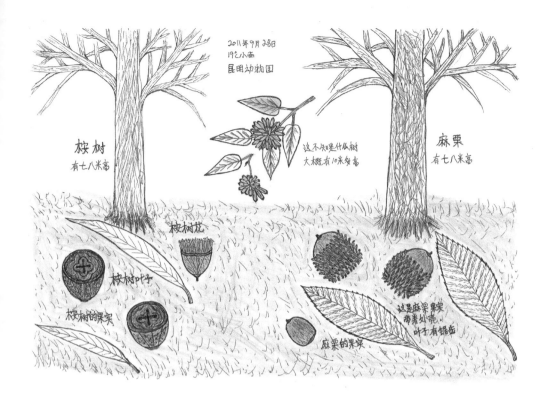

2011年9月28日
17之小雨
昆明动物园

桉树
有七八米高

这不知是什么树
大概有10米多高

麻栗
有七八米高

桉树花

桉树叶子

桉树的果实

麻栗的果实

这是麻栗果实
带着刺壳小
叶子有锯齿

婆婆这篇自然笔记里还记录了一种像海胆一样的果实，
后来查资料才知道，这果实来自喜树

　　和家人一起到大自然里玩耍，爸爸妈妈、兄弟姐妹就成了你在
大自然学堂里的新同学。这时，可以这样玩：

　　○ 家人轮流动手，共同完成一篇笔记。由你先做示范，完成部
分作品，然后请家人轮流创作，直到填满整张白纸。或者，由你完
成绘画部分，然后请家人来书写文字，当然，也可以将工作内容对调。
最后，在各自完成的部分，签上大名。

　　○ 家人分头创作，完成各自的作品。采用比赛的形式，看看谁
的记录最精彩。准备一些小奖品，漂亮的松果球、美丽的落叶，都
可以成为对胜出者最棒的奖赏。

Part 4

不想让大自然老师哭泣

是不是连你也不记得了，很久很久以前，人类也曾坐在大自然老师的膝上，时时承接她的抚育与教诲之恩？现在，也许是离开她太久了，人们几乎忘记了自己的来历，也很少去用心聆听她的话语，我们不仅打破了自己同其他生命之间的平衡，甚至大开杀戒……于是，我常常看到大自然老师悲伤的眼睛……

解救迷网中的"天使"

　　还记得前面我提到过的传奇学长姜龙吗？他救助野生动物的故事在同学中广为流传，连婆婆也对他赞不绝口：这真是个好后生！

　　冬天里，候鸟从很远的北方赶来上海，准备在这里的滩涂、林地觅食和休憩。每到周末，我和同学们也忙碌起来，跟着姜龙出发了。巡查林地、拆除鸟网是这个季节环保志愿者非常重要的一项工作，少一张迷网，美丽的"天使们"在越冬路上就能多一分安全。

　　捕鸟网通常用极细的丝线织成，捕鸟人把它们张挂在树林间，鸟儿极难发现，就连人类走到跟前，也难以察觉到它们的存在。有那么几回，如果不是同伴提醒，我的鼻子都差点儿撞到了网上。因为这个缘故，同学们把它称作"迷网"。

　　在那些可怕的迷网上面，我们常常能够看到各种各样惨死的鸟儿，有的我叫得出名字，有的我从未见过。不瞒你说，很多时候我也害怕那些迷网，不只是因为上面挂有小动物的尸体，还因为与这些迷网的接触充满了危险。可能你还不知道，野生动物身上携带有大量的细菌和病毒，有些是十分危险的，比如 SARS、禽流感和新型冠状病毒，它们都会让人感染上可怕的疾病。因此，姜龙让每位同学在拆网之前必须做好防护工作，手套和口罩一样都不能少。

　　在这儿，我也想告诉大家，捕捉和食用野生动物其实有很大的风险。一些微生物对野生动物可能无害，却会让人类生病。姜龙说，如果不是城里一些人喜欢食用和饲养野生动物，捕鸟人也就不会冒着感染疾病的风险以此为业了。人类贪欲带来的直接受害者，并不只有那些困在网中的鸟儿，还有可能是我们人类自身。

　　最让大家欣慰的是，一些小鸟在我们的救助下得以重返蓝天，我相信这一刻，大自然老师也一定拭去了眼角的泪水，为美丽天使重返怀抱而欣喜不已。

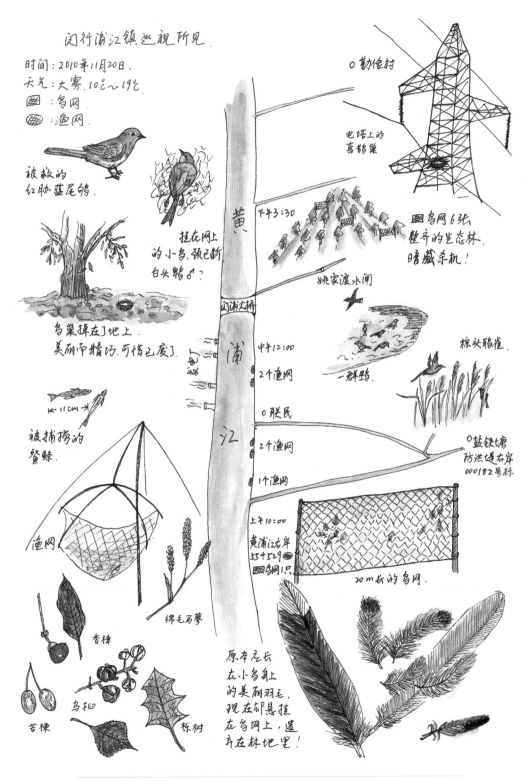

黄浦江两岸的生态林中暗藏杀机，迷网上死去的鸟儿再也无法回到大自然的怀抱

被折断的天使之翼

3月5日. 多云转阴转小雨. 7℃~11℃.
崇东自然保护区外围林地.
以下鸟翼及遗骸均
挂在鸟网之上.

鸟的颈骨

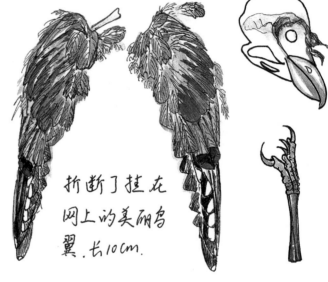

折断了挂在
网上的美丽鸟
翼. 长10cm.

鸟体已完全腐烂, 只
剩下一架龙骨.
龙骨, 头骨与爪属于
不同的鸟.

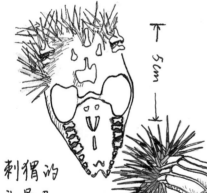

下 5cm 上

刺猬的
头骨及
爪骨, 白骨森森.

一些接地的迷网也常常夺去小刺猬和甲虫的生命

团旺北路林中. 鸟网3张. 1张16m长, 夺去11只林鸟生命; 1张埋在土里的网缠死了1只刺猬, 4只鸟.

沿海国家特殊保护林带第20号地, 发现鸟网3张. 死鸟3只.

盗猎者的手段令人发指, 此次多是将鸟翼和脚爪生生折断, 只取身体部分. 网上钩挂着成对的翅膀, 惨不忍睹.

我至今记得那只美丽的珠颈斑鸠，当它刚被解救下来的时候，低垂着眼睑，几乎放弃了挣扎。我们把它轻轻放在草地上，过了一会儿，它开始拍打翅膀，接着，跌跌撞撞飞了起来。一开始飞得很低，渐渐地飞过了树林，最后消失在天空中。我还记得它的模样，和我生病时去探望我的那只一模一样。以后我还会见到你吗，可爱的天使？如果真的还有邂逅，我希望那是在树林里、草地上，而永远不在迷网中。

迷网上，刚刚死去的田鹀，未闭合的眼睑下，流露出对生的无限渴望！

林地上被折断的一对鹬（？）的翅膀，羽毛如此美丽，却讲述了一个死亡的故事。

2013年1月12日 多云.
松江叶港林地巡视.拆除鸟网153张.

听说我们要去解救迷网中的"天使",好多年纪小的同学也想参加。如果体力跟得上,又不怕吃苦,我们欢迎小同学的参加。不过,提前需要做个分工。拆鸟网和解救小鸟,是危险的技术活儿,得由成年志愿者来操作;用自然笔记为活动做记录,却非常适合小同学。可别小看了记录工作,它可以帮助总结活动成果,而且还是野生动物保护宣传工作中很重要的内容。

那么,掉在地上的羽毛怎么画?下面是我总结的一个方法。用这个方法,不但能够把羽毛画准确,而且可以了解羽毛的结构特点。

正羽的绘画方法

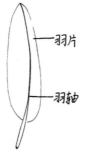

羽片

羽轴

①画出羽轴和羽片,注意羽轴的弯曲度,以及羽片左右的宽狭.

细密的羽枝

末端为半绒羽

②画出组成羽片的细密羽枝,注意羽片末端为半绒羽.

花纹

羽根内的泡沫状结构

③勾勒花纹及羽根内部结构.

④简单上色,完成作品.

精灵家园守护行动

有些小精灵既不住在山坡上，也不住在草坪里，更不住在城市的广场上，它们只生活在或大或小、有清洁水源的湿地里，那儿才是它们的乐园！

湿地的水不算太深，但十分洁净，小精灵们就经常在这里进行游泳比赛。瞧，鳑鲏（páng pí）鱼插上了尾鳍，一甩尾巴就游到前面去了；青蛙在足趾间套上一圈薄膜，一蹬腿就蹿出老远；仰泳虫更喜欢肚皮朝天的仰泳姿势，把两条长腿当桨来划……成年的蜻蜓和豆娘却早腻歪了水中的游戏，岸上的草地和天空成了它们的游乐场。不远处的树林里，住着一些害羞的小家伙，如果你一时半会儿找不到它们，就静下心来，听听它们美妙的歌声吧。

有时候，湿地的形成和小精灵的由来都像是一个谜，就好比上海科技馆旁边的那片荒地，起先只是两个人工挖掘的大土坑，可是不知在什么时候，大坑里蓄满了雨水，最后居然形成一个绿波荡漾的精灵乐园。我猜，那一定是大自然老师施展的魔法，不然，小鱼小虾最初又是从哪里来的呢？

可是最近，大自然老师又一次伤了心，因为科技馆的这片小湿地越变越小、水质也越来越差。家园遭到了破坏，好多小精灵都开始准备搬家。我和同学们可不想让小精灵搬走，就展开了一场精灵家园的守护行动。

行动一：拾捡垃圾，开挖阻污渠。每次拾回一大堆游人乱丢的垃圾，我都由不住生气，这么多脏东西直接或间接进入池塘，怎么能不造成水质污染呢？

行动二：打捞过度生长的水草，防止水体富营养化。脏东西进入水里，为水草和藻类提供了营养物质，于是它们开始疯长。这不但会消耗水中大量的氧气，而且到了盛夏时节，一种叫作菹（zū）草的水草会大面积腐烂，进一步加深水体的富营养化。水里没了氧气，一些小鱼就翻着肚皮浮到了水面上。初夏的时候，

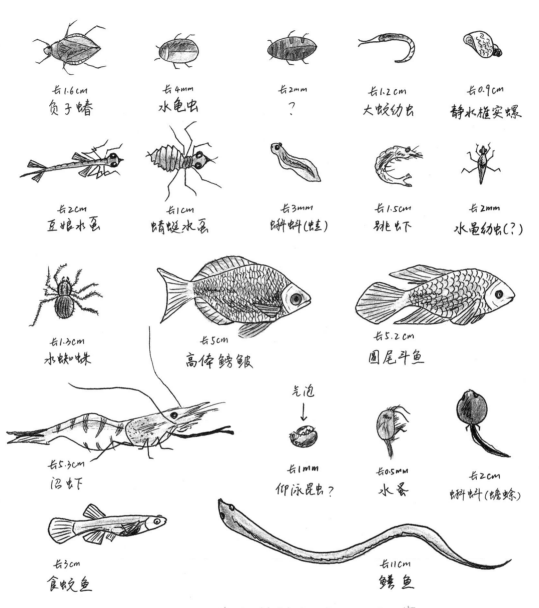

长1.6cm
负子蜻

长4mm
水龟虫

长2mm
?

长1.2cm
大蚊幼虫

长0.9cm
静水椎实螺

长2cm
豆娘水虿

长1cm
蜻蜓水虿

长3mm
蝌蚪(蛙)

长1.5cm
糠虾

长2mm
水虿幼虫(?)

长1.3cm
水蜘蛛

长5cm
高体鳑鲏

长5.2cm
圆尾斗鱼

长5.3cm
沼虾

气泡
↓
长1mm
仰泳昆虫?

长0.5mm
水蚤

长2cm
蝌蚪(蟾蜍)

长3cm
食蚊鱼

长11cm
鳝鱼

上海科技馆湿地水生物观察

时间：2010年3月28日下午1:30～3:30.

气温：17℃. 晴.

印象：池水较清, 岸边有少量腐草. 黑水鸡20余只在筑巢.

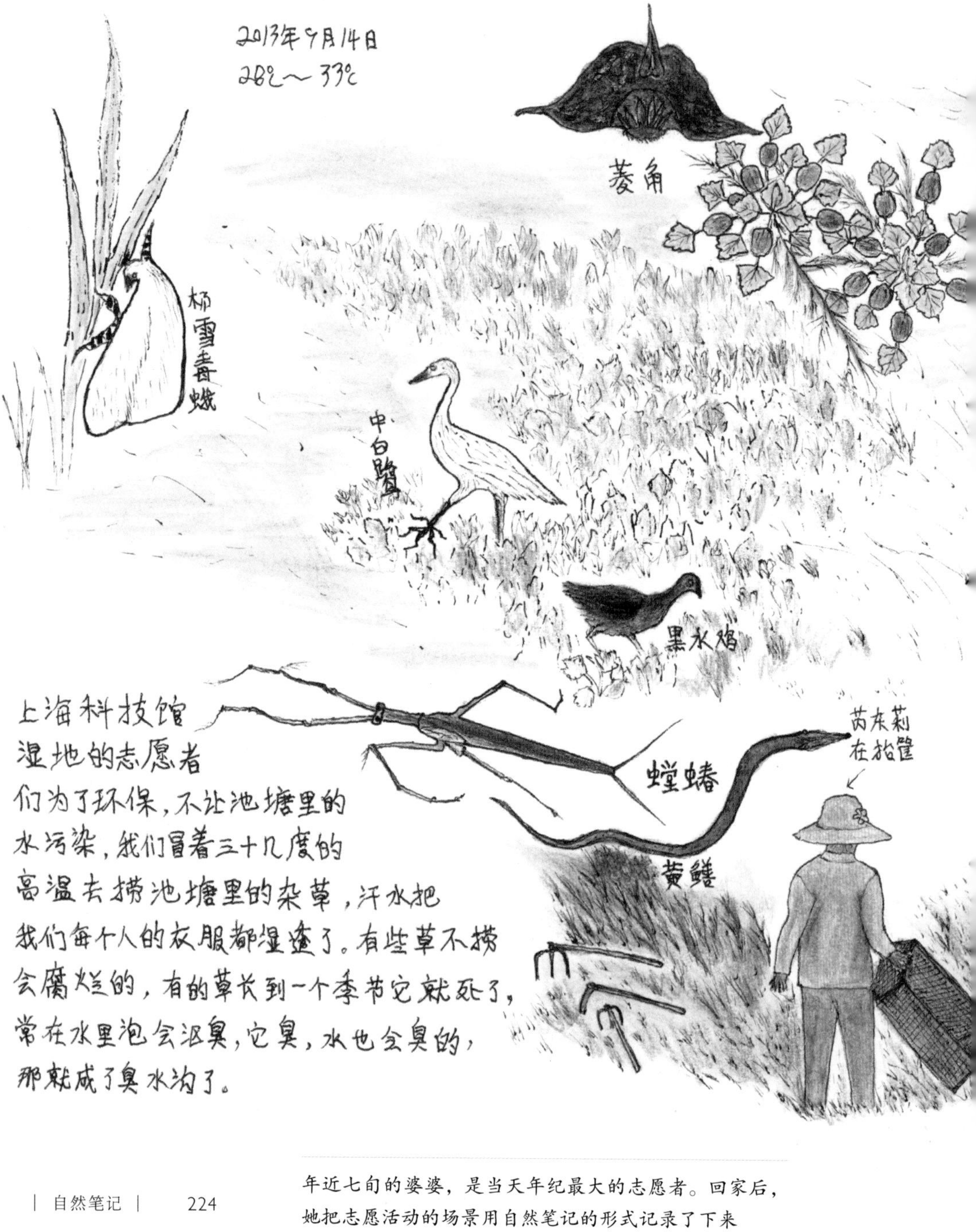
2013年9月14日
28℃～33℃
菱角
杨雪毒蛾
中白鹭
黑水鸡
螳螂
黄鳝
芮东莉在抬筐
上海科技馆
湿地的志愿者
们为了环保，不让池塘里的
水污染，我们冒着三十几度的
高温去捞池塘里的杂草，汗水把
我们每个人的衣服都湿透了。有些草不捞
会腐烂的，有的草长到一个季节它就死了，
常在水里泡会沤臭，它臭，水也会臭的，
那就成了臭水沟了。

年近七旬的婆婆，是当天年纪最大的志愿者。回家后，她把志愿活动的场景用自然笔记的形式记录了下来

领队姜右在捞草

我和同学们划着小船，一筐一筐地把菹草打捞到岸上，然后再送到树林里去堆肥。

行动三：打捞地笼，救助水中小精灵。这一次，非法盗猎者又动起了坏脑筋，他们在水下铺设地笼，专门捕捞鱼虾和青蛙。我和婆婆划着小船，从池塘底部捞起七八只长长的地笼，解救出了被困的小鱼和金线蛙。盗猎者还对湿地里的鸟蛋垂涎三尺，不过聪明的鸟儿并不会让他们轻易得逞。在这里，我要告诉你一个有关黑水鸡妈妈的小秘密，你一定不会去告诉坏人的，对吧？当我和婆婆划着小船靠近岸边的芦苇丛时，婆婆一眼就发现了筑在水中的鸟窝，窝里还有四颗蛋呢。黑水鸡妈妈真聪明，它们并不在地面的苇丛中筑巢，而是贴着水面把巢紧紧地扎在芦苇茎上，这样就做成了一个水中的浮巢。浮巢不但难以被人发现，而且即使被发现了，坏人要徒步进到池塘里也十分困难。

如果你以后在野外发现了小鸟的巢穴和鸟蛋，也千万不要叫坏人知道，一定要像保守好朋友的秘密一样为它们保密。

行动四：清除外来入侵物种，保护生物多样性。加拿大一枝黄花、空心莲子草还有小龙虾，都不在我的精灵名单里。因为缺乏天敌的制约，这些来自国外的家伙，变得越来越像湿地恶魔了。一枝黄花和莲子草真霸道，它们到达的地方，就不允许别的植物生长，而且一到秋天，一枝黄花就把种子散播得到处都是。湿地里的许多小精灵都恨透了它们，我和同学们就经常在秋天到来之前，将它们连根拔除。小龙虾更可怕，它挥舞着两个大钳子大开杀戒，有了它，水里的生态系统就常常会失去平衡。有一次打捞菹草，我们把一起捞上来的小动物装到一个瓶子里，准备工作结束时放生，结果小龙虾把瓶子里的蝌蚪和小鱼都夹死了。对于这个恶魔，我们也不客气，一位同学把它带回家后，在油锅里判了它的刑。顺便提醒一下，如果你家里养的巴西龟不想要了，千万别随便放生，因为它们也是非常凶悍的外来入侵物种。

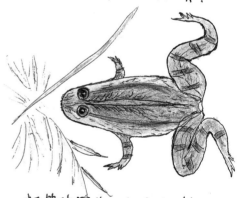

5月14日下午：约28℃．晴．

虾笼中网住2只金线蛙，长约6厘米，金色的体纹线。

黑水鸡、尾下覆羽白色。

趾很长。通体黑褐色，嘴黄色，嘴基与额甲红色。栖息于苇丛，善潜水，以水草，小鱼虾，水生昆虫等为食。

蓝色鳃斑。
蓝色体斑纹。

虾笼中的十余只圆尾斗鱼，尾端呈玫红色。5.5cm。

上海科技馆湿地池塘中约有10只黑水鸡，包括雏鸟。1只池鹭。1只翠鸟。池中当天共捞出虾笼大大小小约10只，2只金线蛙，10余只圆尾斗鱼。

婆婆笔记里的精灵王国，美得就像一个童话世界

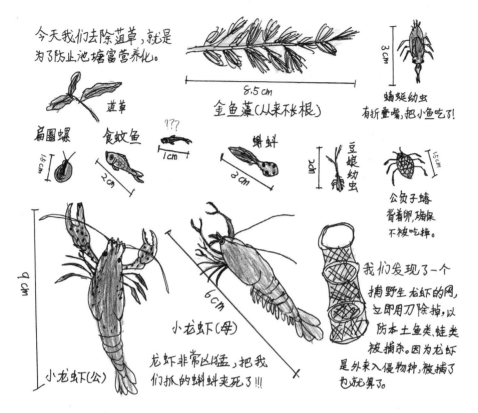

今天我们去除菹草,就是为了防止池塘富营养化。

菹草

扁圈螺

食蚊鱼

金鱼藻(从来不长根) 8.5cm

蜻蜓幼虫 有折叠嘴,把小鱼吃了! 3cm

??? 1cm

蝌蚪 3cm

豆娘幼虫 2cm

公负子蝽 背着卵,确保不被吃掉。 1.5cm

小龙虾(公) 9cm

小龙虾(母) 6cm

龙虾非常凶猛,把我们抓的蝌蚪夹死了!!!

我们发现了一个捕野生龙虾的网,立即用刀除掉,以防本土鱼类、蛙类被捕杀。因为龙虾是外来入侵物种,被捕了也就算了。

星期天 5/14 多云. 地点:上海科技馆旁的湿地,绿油油的,非常脆弱,如果再不保护,小生物就会缺氧死亡。

郝乐之.复旦附小四(1)

郝乐之同学也成了守护湿地的志愿者,这篇自然笔记就是她的工作记录呢!

行动五:开展宣传教育,让更多的人一起来爱护精灵家园。如果你在周末去科技馆湿地,看到有人在为游人做生态讲解和发放宣传册,那很有可能遇到的就是我和我的同学们。通过我们的努力,现在有越来越多的人加入到环保志愿者的行列中来,我想,说不定我会在下一次的活动中看到你呢!

前些日子,听到一个坏消息,说是这片小湿地属于建筑规划用地,可能不久就会被填埋开发,到那个时候我们将无力再来守护这个精灵的家园。我很伤心,因为我知道,湿地的小精灵不住在楼房里,不住在街道上,也不住在自然博物馆里,它们只生活在有清洁水源、有草丛和树林的地方。

为湿地池塘里的小鱼做记录，以前，我画来画去总是画得不怎么像。学长浩森指点我说："喂，你没仔细观察，当然画得不准确喽！"原来，每种鱼的鱼鳍形态各异，着生的位置也不相同，只有把这些特点画准确，整条鱼才可能画对。后来，经过认真观察，我总算学会了画鱼的方法。

鱼 的 画 法

①用几何图形表示鱼体，注意各部分之间的比例。

②在几何图形上，勾勒出鱼的外部轮廓，以及鱼的头部，注意鱼头和身体的比例。

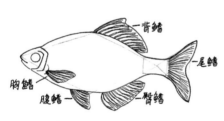

③画出鱼鳍，注意鳍的位置和形状。

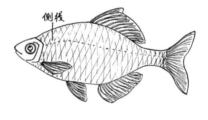

④勾勒出鱼体上的侧线和鳞片，加工眼部细节，擦去辅助线。

⑤简单上色，完成作品。

城市中的流浪猎手

　　国庆节回家探亲，我和永林去云南大学看松鼠，临行前，特意为松鼠们准备了又甜又脆的大苹果。赤腹松鼠是云大校园里的"明星"，它们非但不怕人，看到有人拿着食物站到大树旁，还会沿着树干"唰唰唰"地跑下来，伸长脖子到人们的手中取食，长长的胡须扎得手心直痒痒；更有胆大的，会将两个小爪子搭在手心里，凉丝丝的。

　　咦，奇怪！这天，我和永林走遍整个云大校园，却几乎见不到松鼠的身影。偶尔见到一两只，也是在树梢间跳跃着，犹豫着，半天不肯下来。到底出了什么事情？我脑子里满是疑问。

　　正纳闷儿，一名校园保安路过，好心劝我："不用等了，松鼠都没有了。"

　　"怎么就没有了呢？"

　　"被猫吃完了！"

　　我简直不敢相信，松鼠这么敏捷，难道也会被猫捉住吗？

　　好像是为了验证保安说的话似的，一只花猫不声不响，不知什么时候已经溜到了我们跟前。这只花猫长得很俊俏，一只眼睛是绿色的，而另一只眼睛却是琥珀色。不过，只需一眼，你就能判断出它的身份：一只典型的流浪猫！花猫的身形略显单薄，浑身的毛发乱蓬蓬、脏兮兮。

　　它安静地蹲在树下，圆溜溜的大眼睛盯着树枝间跳跃的松鼠，一眨不眨。我有

云南大学生物印象
2月19日 晴
赤腹松鼠在冬季依然活跃，贴梗海棠初绽。

干香柏的梢头，偶见小松鼠跃过，树枝跟着轻微地颤动。

云大松鼠失踪之谜

2011年9月28日，多云转雨，约23℃。云南大学校园内赤腹松鼠已经很难见到了。

看见树下有人饲喂，松鼠警觉四望后从树干上溜下来。爪子抓着树皮发出窸窣的观察的声音。

对于人，松鼠已经完全信任；但对于花猫，松鼠却不敢也决不信任。花猫来了，松鼠的好日子也结束了。

花猫盯着树杈上的松鼠目不转睛。尽管长着蓬松的毛，可依旧显得瘦弱。

花猫极其敏捷地上了树，一蹿三米多高，依旧打探着树梢的松鼠。下树时，它却费了不少力。

些生气，用脚轻轻踢了踢它的屁股，希望它能识趣地离开。但是这个家伙根本不理睬我，完全是一副捉不到松鼠不罢休的架势。再看树枝上的松鼠，刚才猫咪没出现时，还大起胆子跑到树下，从我手里叼走一块苹果，现在却高高站在树枝间，向远处的同伴发出"吱吱"的警报声，同时探着头，警惕地盯着树下的花猫。

就在双方对峙的紧张时刻，花猫嗖地一下，纵身蹿上一根三米多高的树杈，松鼠吓得转身飞奔，蹿上干香柏最高、最细的树枝，再也不肯下来。花猫在树杈上等了一会儿，看松鼠不下来，似乎也觉得没了胜算，于是准备下树。这个时候我才发现，原来猫是上树容易下树难。只见它骑在树杈上颠来倒去好几回，才狼狈地顺着树干滑下来。看来，猫咪上树捉松鼠，成功的概率并不大，那是什么导致云南大学的松鼠集体失踪的呢？

这时，我突然想起松鼠的一个行为习惯，一定是这个习惯导致了某些惨剧的发生。前些年，校园里没有流浪猫时，松鼠和人非常亲近，游人常把松鼠没吃完

不想让大自然老师哭泣

的食物放在草地上，任由它们下树取食。猫咪初来校园，一定是采用伏击的方式，捕捉了不少在地面活动的松鼠。从此，松鼠们受到惊吓，就再也不敢下树来了。而更多的松鼠则选择了逃离，离开云南大学去寻找一个更为安全的生活环境。

别看猫咪的模样令人怜爱，到了野外它们可是名副其实的"杀手"。老鼠自然是猫咪的美味，但松鼠、小鸟，还有其他弱小的野生动物也常常成为它们的盘中餐。大自然老师为这些流浪猫的到来伤心不已，国外有媒体报道，由于流浪猫数量的增加，某些鸟类的数量急剧减少，已濒临灭绝。在我国，虽然还没有相关的数据统计，但由流浪猫引发的野生动物保护问题日益凸显。而且，流浪猫也容易传播病菌、污染环境，所以，如果你爱猫，也爱自然界里的小动物的话，就请不要遗弃家里的猫咪，别让它们成为城市中的流浪猎手。

女贞和石楠的果实＋冬天初绽的嫩芽是白头鹎美味的午餐。

麻雀以撒树的翅果为食
为什么麻雀毛色里的居多？

地点：闸北公园
时间：2010年1月2日，11：30.
天气：多云，云层很薄，4℃～12℃
温暖得似三月的春天
听到：句唱唧唧，《步步高》悠扬的笛声
看到：十多只白头鹎，2只乌鸫，2只斑鸠

白头鹎＋麻雀→花猫的午餐？
树下的花猫转动着耳朵
注意力全放在树枝间
跳来蹦去的白头鹎上。

公园里的小鸟，常常成为流浪猫伏击的对象

　　即使就在你家小区的绿化带里，动物们也时时刻刻在演绎生命故事。毛茸茸的猫咪和松鼠，体态轻盈的飞鸟，形态各异的昆虫，还有为它们提供庇护的花草树木，在自然笔记里，怎样才能尽可能准确地把它们画下来？

　　平时除了多观察、多总结，还可以学习一下别人绘画的经验和方法。以前，画猫咪的时候，我完全不知道该如何下笔，幸好，大自然学堂里我有不少好朋友，周斌老师赠送给我一套飞乐鸟的彩色铅笔绘画书。呵，我才发现，原来，画毛茸茸的动物，需要顺着它们毛发生长的方向去画。现在，我把这本可爱的绘画书分享给大家，供爱做自然笔记的同学参考。

被遗忘的"原住民"

可能在有些人的眼里，我是个挺奇怪的"观光客"，公园花坛里娇艳的花朵不好好欣赏，偏要钻到角落里、草丛中，掏出个本子来，对着那些不起眼的野草又写又画。莫非哪根神经搭错了？

哈哈，我的脑子清楚着呢，神经没任何问题。只不过，我实在对公园里栽培的奇花异草兴趣有限，反倒更喜欢那些散布在角落里的野生草木。嘿，你可别小瞧了它们，可能在人类还没到来之前，它们就已经是这片土地的主人了。用"原住民"来称呼它们，再合适不过。

就像人类社会有不同的地域文化一样，这些"原住民"也创造着属于自己的生态文明。经过漫长的生物进化，各个地区的乡土树种和野草，塑造并滋养着那里的自然生态系统，也正因为如此，地球上才呈现出绚烂多姿的自然风貌。想象一下，如果世界上每个地方都长着相同的植物，天空中都飞着同样的小鸟，那可多乏味呀！

然而，只顾追求感官刺激和经济利益的人们，越来越觉得"原住民"不漂亮、不实用了，于是纷纷从国外引入新物种。1935年，北美洲一种色彩艳丽的花卉——加拿大一枝黄花，被作为观赏植物引入我国，栽培到上海、南京等地的公园和植物园里。结果，短短的几十年间，这一外来物种由于缺乏天敌制衡，加上具有超强的繁殖能力，如今已散逸到我国多个地区，成了著名的恶性杂草。

十多年前，我国各省市的检验检疫局对它的疯狂扩张进行了调查。在黄庆大、姚剑的一篇论文中，有一组惊人的统计数据：单2005年几个月的时间里，这种"霸王花"就从无到有，占领了嘉兴市46.69平方千米的广大面积，对当地的自然生态系统和生物多样性构成了巨大威胁。而在上海，数十年间，加拿大一枝黄花

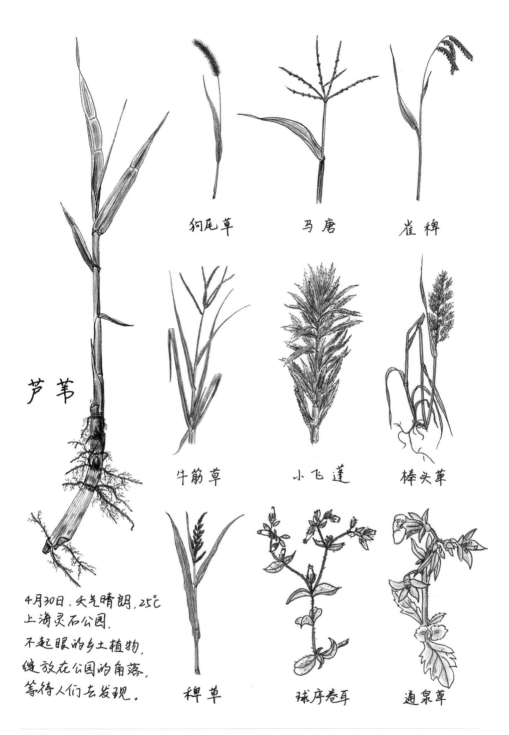

狗尾草　　　马唐　　　雀稗

芦苇

牛筋草　　　小飞蓬　　　棒头草

4月30日，天气晴朗，25℃
上海灵石公园。
不起眼的乡土植物，
绽放在公园的角落，
等待人们去发现。

稗草　　　球序卷耳　　　通泉草

许多乡土野草长得都很低调，但它们为动物们提供了丰富的口粮和庇护所，是自然生态系统中
不可或缺的一部分

已导致30多种乡土植物物种消亡。

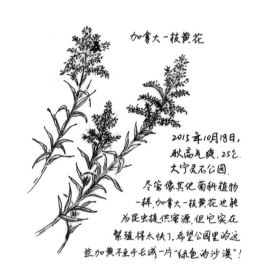

加拿大一枝黄花

好在近年来，人们重新认识到"原住民"的重要性，把曾经当作杂草除去的芦苇请回了乡村、城镇，用来与"霸王花"抗衡。几年过去，"原住民"正在逐渐收复失地，而自然生态系统也正慢慢得以修复。

空心莲子草的故乡是巴西，它"落户"中国的经历，与加拿大一枝黄花相似。二十世纪四五十年代，空心莲子草

2015年10月18日,秋高气爽,25℃.大宁灵石公园.尽管像其他菊科植物一样,加拿大一枝黄花也能为昆虫提供蜜源,但它实在繁殖得太快了,希望公园里的这些加黄不至于长成一片"绿色的沙漠"!

作为优良的青饲料引入我国,并得到大力推广。几十年间,超强的适应性和繁殖力,使它在全国多地滋生、蔓延。贵州省山地资源研究所的张建利等专家指出,空心莲子草的入侵和泛滥,对草海湿地生态系统造成了严重危害,降低了湿地植物群落物种的多样性,威胁到了国家一级保护动物黑颈鹤和众多珍稀鸟类的生存。所幸的是,牛筋草、狗尾草、马唐草等,这些曾经被人们遗忘和铲除的"原住民",

空心莲子草. 叶片固质,光滑. 头状花序直径9mm.

茎中空.茎节生根繁殖

2010年5月16日 阴有小雨,19℃~20℃. 上海科技馆湿地. 空心莲子草从岸边一直蔓延到水里,让人搞不清岸的边界,常常一脚踩进池水中.

又重新被请了回来，在与空心莲子草旷日持久的战争中，逐渐收复失地，使自然生态系统重新回归秩序。

其实，由引入异地物种所引发的不良生态事件，在我们身边也时有发生。例如我租住的小区，楼盘开发商很有经济头脑，希望通过具有异域风情的景观设计，激发人们购房的欲望。于是，小区里修建了一个棕榈广场，从海南、广东等地运来几十株棕榈科的植物，其中就包括五株十余米高的大王椰子树。老

实说，在清风吹拂下，婆娑的棕榈枝叶"沙沙"作响，的确富有浪漫气息。

然而每到冬天，上海的气温也时常会降到零摄氏度以下，远不如棕榈树的家乡温暖，因此，如何让这些远道而来的"贵客"顺利越冬，成了园丁们大伤脑筋的事情。没有温室大棚的保护，园丁们只得采用老办法，运来草绳和苇席，把棕榈树包裹得就像缠满绷带的重伤员。费了这么大劲儿，原以为"贵宾们"可以安全存活了，结果没出几年，就出了新状况。

那是一个夏天的傍晚，梅雨季的潮湿闷热盘踞在屋里，挥之难去。我正在窗边乘凉，忽见几只白蚁从头顶掠过，径直飞进了家里。忙着关窗的时候，我猛然瞥见楼下的棕榈广场上，正上演着一起奇观。一株棕榈树不知什么时候倒在了地上，折断的树干里飞出不计其数的白蚁，就像是冒出数股白色的烟雾。在上海，白蚁可算不上什么稀罕物种，雨水绵长的梅雨季，是它们婚飞繁殖的季节。然而一株树上飞出这么多的白蚁，我还是第一次见到。

2010年12月7日 "大雪" 晴
气温骤降. 3℃~8℃.
城里一些不耐寒
的树都被裹上了冬衣.

南国的棕榈.
穿上了苇席外衣.

老翁的名木
也裹上了绳衣.

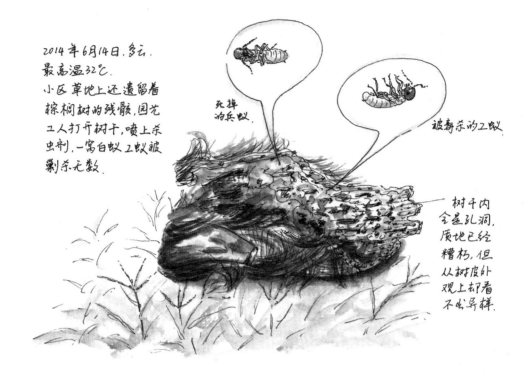

后来得知，棕榈树的树干木质疏松，白蚁几乎不需要花费一丁点儿的力气，就可以在树干里开凿孔穴，将它变成一座"摩天大楼"。再加上棕榈树干的髓心富含淀粉，简直就是白蚁的纯天然食物宝藏。

于是，园丁们又忙乎起来，喷洒农药、检查树木、砍伐病树，一番折腾下来，棕榈树损失惨重。原本树荫掩映的广场绿地，一夜之间变成了"癞痢头"。

然而，棕榈树的悲惨命运却还远没有结束。2016 年，上海遭遇了 35 年一遇的严冬，最低气温降到 -7.2℃，这下可真要了南国"贵宾"的命！即使是苇席护体，也毫无用处。如今，到棕榈广场走走，真正从南方运来的棕榈树所剩无几，几乎全部替换成了低矮、耐寒、最为普通的棕榈树。小区大门口，原本伟岸、挺拔的大王椰子树，现在也仅存两株，而且是一副萎靡的模样。

经历了整个棕榈事件之后，我由不住感慨：人多傻呀，那么多美丽的乡土树种不知道欣赏，非要迷恋新奇的异域物种。结果花了大把的钱，吃亏的还是自己！

构树的叶形多变，低矮的小树叶子常呈深裂。叶和叶柄被绒毛。

构树，本土树。
树高8米左右。

傍晚7时许，蝙蝠在空中低飞。

橙红色的椹果藏在碧绿的板叶间，格外美丽。

蚂蚁和苍蝇是构树果实的食客。

橙红的色彩是用果汁染出来的。

聚花果的纵剖面。果肉味道甘甜。

25mm

果肉——小瘦果
长7mm

地点：闸北公园
时间：7月28日下午6：00
中伏第5日，2011。
天气：晴，29℃～36℃
印象：公园的地上拾到死去的蝉，全为雄性，已完成繁育后代的使命

几乎没看到构树有病虫害。唯一的一只小虫，危害过的地方去观褶皱，但似乎不影响叶子的光合作用。

鸟儿的粪便

掉落的果肉和种子，是鸟儿啄落的吗？

果实掉在地上有些遭遇。

地上的羽毛
公园里四处长着的小构树是鸟儿用粪便播的种吗？

这是一种既美丽又实用的上海乡土树种。现在，农业专家杂交出了一种不会把果子掉落一地，弄得地上脏兮兮的构树新品种，真希望能在上海的城区早日见到它们

　　婆婆冬天回到内蒙古，专门去了趟乡下的田野，把她魂牵梦绕的乡土植物用自然笔记的方式记录下来。婆婆说，如今人们都不重视这些植物了，再不记录下来，等它们消失之后就来不及了。我听了，既为婆婆骄傲，又为南北方"原住民"的相同命运而难过。我们会尽可能地将这些日渐远去的"原住民"的身影记录下来，也许有朝一日能够帮助人们重新想起、认识和了解它们，从而改变人们对"原住民"的态度以及行为。

耙齿
用红柳做的

杈齿
也是用红柳做的

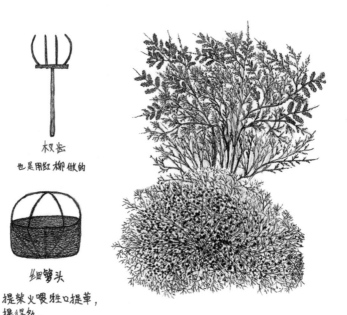

篓子

拿泥把里头抹了,拿面汤糊光,放米放面,坏不了,耗子咋不烂。

细箩头

提柴火喂牲口提草,提得多。

2014年6月27日,晴,20℃~32℃,韩油房营子里的红柳、白刺。红柳长得大树似的。

红柳的用处很大,用红柳条编成箩头担土、平地,挖渠也离不开它。在套的大渠,总排干、六排干、七排干,二黄河,都是用箩头一担一担挖开的。还有110国道也是用箩头担的土垫起来的,箩头不怎么好看,功劳可不小啊。

篮子

我小的时候,给亲戚朋友家过寿,蒸寿桃拿篮提着给送去,跟人也是拿篮子提着东西。

箩头

以前全靠箩头往回担东西,劳动提个箩头捡柴火。

红柳花

野生的,是一种天然植物,在很早以前,在套到处长的红柳、英茨。

婆婆笔记里的红柳又名柽柳。婆婆说,冬天它就像干了一样,春天又长出嫩条来,开着长圆形白粉色的花

　　想为"原住民"或其他生物做自然笔记，但是却懒得出门观察，在家照着网络或图鉴上的照片画，可以吗？

　　要我说，这画下来的并不是自然笔记，而更像是一幅艺术小品。因为：

　　○ 照着资料图来画，你会把笔下的生物从原生环境中抽离出来。你完全不知道这种生物适应的是哪种特定的地域和气候环境，更无从知晓它和周边其他生物之间的关系。这样一来，"原住民"和"外来入侵者"，又有什么区别呢？

　　○ 照着资料图来画，你的目的可能是想创作一幅美丽的画，这与自然笔记创作的初衷完全不同。自然笔记是为大自然写"日记"，并不追求艺术上的唯美，因此，里面的图可以画得十分潦草，但却能记录这种生物的真实生存状态。

　　○ 资料图常常不能帮你准确地观察到生物的细节部分，比如，即使把照片放大，有时也难以看清一朵花雄蕊的数量；而对着实物进行观察，就可以把这些细节准确地画下来了。

对食"野"说"不"

春日，单位组织郊游，前往金山区的枫泾古镇观光。八点半，车子准时发动，车载喇叭忽然响了起来。前排座位上，站起一个陌生的青年男子，我这才发现，车上有一位导游。

做完自我介绍，小伙子便切入正题。江南古镇的景点和风土人情，他讲得头头是道，也很有趣。

"要说古镇上的美食，"年轻导游一手握着麦克风，一手微微上扬，颇有点儿神秘的样子，看来，他要介绍的是一道风味独特的佳肴，"那非熏拉丝莫属了！"咧着嘴，眉毛上挑，他正为那"美食"得意的时候，忽然，后排座位上响起一声呵斥，着实把他吓了一跳。

"不要再说了！"我从座位上站了起来，穿越整个车厢，来到他面前，接过话筒，"你在为犯罪行为做宣传，知道吗？"我气愤地瞪着他。小伙子立在那儿，拉长了脸，尴尬地说不出一句话。

接着，对这所谓的"美食"，我为同事们做起了知识普及。

在苏浙沪一带，尤其是上海市的金山、青浦区，有一种传统食物流传至今，那就是"熏拉丝"。"熏"指熏烤，"拉丝"是方言词，指癞蛤蟆，也就是身上疙里疙瘩的中华蟾蜍。

几十年前，中国的人口密度远不如现在，各种野生动植物具有广阔的栖息地，种群数量庞大。那时，人们的物质生活条件匮乏，一些人依靠食用野生动植物来维持生存，因此就有了"熏拉丝"这类食物。当时，由于食用的总量相对较小，不足以危及野生物种的生存，整个自然生态系统能够得以正常运转。但是二十世纪八十年代以来，上海等沿海城市人口激增，在这种情况下，如果人们继续"传

2018年8月19日，"温比亚"台风过后，上海共青森林公园遍地是台风吹落的枝叶。广玉兰树林里，林下落叶厚软潮湿，中华蟾蜍走走跳跳，憨态可掬，惹得永林、婆婆和我童心大发。

落叶层就像
蟾蜍的蹦床，
它们在上面
或走或跳。
夏日的阳光透
过林隙，照亮
它们金色如宝
石般的大眼睛。

风雨转多云，27℃～33℃。
湿漉漉的悬铃木落叶堆里，
一丛丛野生菌争先恐后地冒了
出来，和夏天热情地打着招呼。

蟾蜍的身影应该出现在大自然里，而不是我们的餐桌上

距菜场不远
处便是充满野性
的树林、田地，然而那些
被囚禁和残害的生命却再也不可能回归它们的家园。

铁笼和网兜中，我看到了那些正在消逝的生命色彩

9月11日，2011年中秋节的前一天，晴转多云，25℃～32℃，没有风。

吴淞客运码头和丰路菜场人头攒动，一百来米的狭长地摊上，"野味"随处可见。下午3:00左右回访此地时，野雉、野鸭、刺猬、黑斑蛙和蛇均已售完，唯有瘦弱的黑水鸡幼鸟无助地立在笼中。

承"和"弘扬"旧有的饮食风俗，就无异于雪上加霜。想想看，许多野生动植物的数量本来就已经在减少，现在却有更多的人加入饕餮者的队伍，恐怕过不了多久，人类就可以将它们送进《濒危物种红色名录》了。

癞蛤蟆和青蛙一样，爱吃虫子，是农作物的好朋友，而且，它还具有独特的药用价值。2000年，我国将中华蟾蜍列入《国家保护的有益的或者有重要经济、科学研究价值的陆生野生动物名录》，癞蛤蟆正式成为受法律保护的野生动物。

"难道做熏拉丝的癞蛤蟆不是人工养殖的吗？"一位上海本地的同事小声嘀咕道。

"癞蛤蟆吃活虫，养殖成本很高的！"尽管我的语气坚定，但那位同事听了，却将信将疑。

唉，她要是能看看上海市林业局和华东师范大学赵建华老师的调查数据就好了。在上海，人工繁育蟾蜍的合法单位仅有1家，而且是为科学与医药研究服务。人工繁育的蟾蜍价格，比野生蟾蜍贵了整整2倍。有食用熏拉丝习俗的地区，人们将当地自然界中3/4的蟾蜍都吃进了肚子里。据保守统计，仅上海市一年的时间，人们就吃掉了1000万只野生蟾蜍。

"癞蛤蟆减少了，农业虫害势必加剧，喷洒到粮食、蔬菜上的农药也就相应增加。难道咱们愿意吃下那么多不健康的食物吗？"说完，我正准备回到座位上。

"可是，我还是想推荐大家去品尝一下！"憋了半天，导游忍不住又开口说道。

"这人怎么对熏拉丝如此着迷！"我心想。后来到了古镇才知道，远不是那么回事。

原来，和所有旅游景区一样，枫泾古镇的商家与导游处于同一利益链上。游客购买导游推荐的商品，商家获利，导游提成。难怪这位导游，不但不为我的宣传所动，还继续煽动同事们去购买非法"美食"。

魔高一尺，道高一丈，看来，要击退导游的劝购攻势，我只能使出撒手锏了！

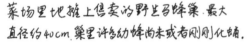

菜场里地摊上售卖的野生马蜂巢，最大直径约40cm，巢里许多幼蜂尚未或者刚刚化蛹。

蠕动的幼蜂

奇特的蕨类植物遇了水就"还魂"了。

崆峒山的卷柏在售卖。用来煎水治"百病"，卖者称，野生卷柏很少，快被人挖光了，他们老板包了两个山头种植。

2013年8月2日，晴，凉爽的夏日，昆明麻园菜市场。

为迎合人们各种奇特的需求，很多城市的菜市场都有野生动植物在售卖

"癞蛤蟆有毒，体内含有寄生虫，你知不知道？"我提高了嗓门，故意让全车的人都能听到我们的对话。

"真的！我们那儿农村的狗，吃了癞蛤蟆就死掉了。"不出所料，这个话题一下子激起了大家的兴趣，一位同事立刻附和我，分享起了自己的经验。

"真有寄生虫？我只知道黄鳝里有。"许多同事都没听说过蟾蜍寄生虫的事情。

"猪肉绦虫大概大家都听说过吧？其实在癞蛤蟆身体里也有类似的绦虫。"我十分肯定地说，"要是癞蛤蟆没弄熟，被人吃进肚子里，绦虫就会寄生到人体的多个器官引发疾病。"其实，当时我对蟾蜍体内的寄生虫了解得并不多，后来才知道，蟾蜍体内最多的寄生虫其实是吸虫，85% 以上的野生蟾蜍都感染有这种寄生蠕虫，人体也会被寄生。

议论声此起彼伏，导游终于坐回到座位上，一声不吭，满肚子是气。

想必是我的宣传起到了良好的效果，当天，在成排的熟食铺里，我没看到一位同事采购或品尝熏拉丝。

是潜在的致病因素起到了震慑作用，还是生态危机触动了人们的心灵？在这个日常故事中，很可能是前一个因素起到了关键作用，但我真心希望，人们行为的改变更多地来自后者。因为，只有懂得为大自然生命共同体的未来谋福祉，人们才有可能真正去关照更多的野生动植物。毕竟，并非所有生物都像蟾蜍一样，具有毒素或隐含寄生虫，如若人们不再敬畏大自然，它们将很快走上灭绝之路。

对抗非法买卖野生动植物的行为，虽然充满曲折，但为了不再让大自然老师悲伤，我和大自然学堂里的其他同学会努力坚持下去。你是否也愿意加入我们，向这类非法行为勇敢地说"不"？

　　菜市场是我们做自然观察的好地方，同时，也是我们监督违法买卖"野味"的重要场所。2020年，新型冠状病毒的暴发和肆虐，带给了我们沉痛的教训。如果人类早点儿向野味说"不"，那么这场灾难可能就不会发生。

　　真希望全国各地的小伙伴都能向我们学习，自觉履行起监督非法买卖野味的义务和责任，而这一点儿也不困难。去逛菜市场的时候，把你看到的可疑行为进行拍照，并向110或当地林业局举报。如果你愿意，还可以像我一样用自然笔记记录下来，通过网络传播出去，号召更多的人加入到对野味说"不"的行列中来。

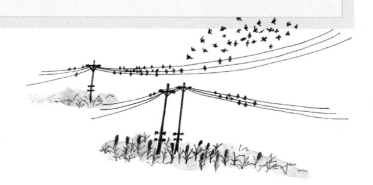

家庭"限塑令"

被逼出来的厨艺"大师"

最近，我的厨艺大长，馒头、发糕、窝窝头，样样会做。至于原因嘛，说出来你可能都不信，那是因为我家实施了有史以来最严格的"限塑令"。

大约在家庭"限塑令"正式实施几天后，我自备了食品袋，到馒头铺去购买早餐。门口排着队，大热天里，每个人都汗流浃背，烦躁地伸长了脖子向前张望。柜台后的营业员，站在热气腾腾的蒸笼旁，一边擦汗，一边飞快地给顾客打包。

眼看要排到我了，为了不给营业员添麻烦，我把购买场景抓紧在心里预演了一遍，并把手中的食品袋撑大了口子，准备请他将热馒头直接放进去。可是，等我走上前，还未及开口，营业员熟练地一抓一套，一只透明的塑料袋就已经罩在了他手指上。

"要什么？"他侧过身子朝向我，随时准备转身，像一副灵巧的机械手臂一样，把我需要的食物，用他套着塑料袋的手抓给我。

"六个馒头，"我赶紧答道，"可不可以……"还未等我说完，只见他一抓一拢，一提一收，袋子里的馒头就被打好包，递到了我面前。担心后面的顾客久等，我只得赶紧付了钱，退到一边，手里还傻乎乎地抓着自己的空袋子。

回家路上，满满的挫败感。今天的"限塑令"执行失败，家里又莫名其妙多了一只塑料袋。打这开始，我就再也不去点心铺买早餐了。上网自学面点制作，没用几次，我就成了家里的厨艺"大师"！

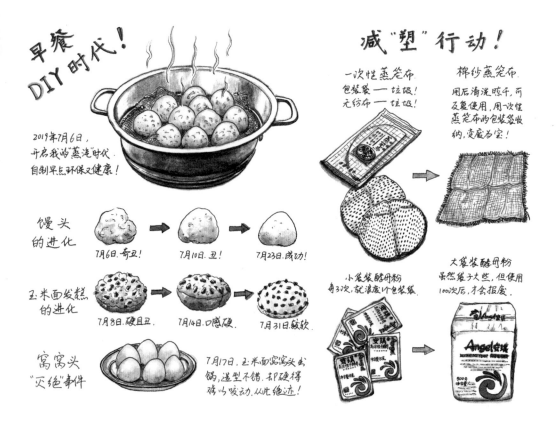

早癌
DIY 时代!

2019年7月6日,
开启我的蒸汽时代
自制早点环保又健康!

馒头
的进化

7月6日.奇丑! → 7月10日.丑! → 7月23日.成功!

玉米面发糕
的进化

7月8日.硬且丑 → 7月14日.口感硬 → 7月31日.松软

窝窝头
"灭绝"事件

7月17日.玉米面窝窝头出
锅,造型不错,却硬得
难以咬动,从此绝迹!

减"塑"行动!

一次性蒸笼布
包装袋——垃圾!
无纺布——垃圾!

棉纱蒸笼布.

用后清洗晾干,可
反复使用.用次性
蒸笼布的包装袋收
纳,变废为宝!

小袋装酵母粉
每3次,就浪费1个包装袋

大袋装酵母粉
虽然袋子大些,但使用
1000次后,才会报废.

家庭"限塑令"的由来

要说我家"限塑令"的由来,还得从 2019 年 7 月 1 日上海市正式实施的垃圾分类说起。

"要分那么细啊!"再过几天分类法就要开始实施了,婆婆着了急,"干垃圾,湿垃圾,这咋分啊?"

"您别急嘛!人家网上老早就总结出经验了,我说给你们听。猪可以吃的是湿垃圾,猪都不要吃的是干垃圾,猪吃了死翘翘的是有害垃圾,卖了可以去买猪的是可回收垃圾。"这段话颇有创意,背诵起来朗朗上口,我觉得十分有趣。

"你是说这些脏东西拿去喂猪?猪吃了不得生病?"

"不是。这是网友编的顺口溜，为了方便记忆的。厨房里的垃圾不是拿来喂猪，是喂给机器。机器把它们变成沼气用来发电，剩下的渣子做成了绿化肥料。"眼见婆婆拿这话当了真，我赶紧解释道。婆婆这才放下心来。

原以为大家的垃圾分类功课已经做好了，可到了实施的第一天，婆婆还是差点儿出了错。

装着烂菜叶、西瓜皮的塑料袋，婆婆拎着来到了垃圾站。她仔细打量着面前的四只垃圾桶，红色的写着"有害垃圾"，蓝色的写着"可回收垃圾"，黑色的写着"干垃圾"，茶色的写着"湿垃圾"。看清楚之后，她抬起手，就要把盛着湿垃圾的袋子整个儿丢进茶色垃圾桶里，我和旁边的志愿者赶紧拦住她。

"外面的塑料袋是干垃圾，您忘了？"我说。

"哦！你看，想着想着就忘了！"婆婆边说边笑了起来。

于是，我帮她把袋子撕开，倒出湿垃圾，然后随手将脏塑料袋丢到了一旁的干垃圾桶里。

"那这些塑料袋怎么处理？"看着满满一垃圾桶的塑料袋和快餐盒，婆婆小声地问。

就在婆婆丢湿垃圾之前，我刚把一大包干垃圾扔进了这只桶里。我扔掉的袋子里装着塑料酸奶盒、吸管、脏塑料袋、用过的保鲜膜，还有很多我想不起来的一次性消耗品。

"大概是拉去烧掉了吧！"我含糊着答道。

正谈论间，一位邻居走了过来，"嘭"的一声，两大袋干垃圾又丢了进去，顿时，黑色垃圾桶里就像隆起了一座山峰。

实施垃圾分类以前，小区里的垃圾桶分散在各个角落，景象从未如此"壮观"。现在，这座由塑料袋垒砌成的"山峰"深深刺痛了我的神经。我想起了郊区一条条黑臭的河道，里面壅塞着无数的垃圾。这些城市内河，曾经哺育过世世代代的沿河居民，愉悦过他们的童年。当老人们谈起河流的往昔，目光中流露着深深的眷念；然而，这曾经的母亲河，在年轻人和孩子眼里，却不过是一条条"臭水沟"，

减「塑」装备

防防小朋友的余徐作品

帆布袋,装干货和水果

植物园的礼品

BOTANIC GARDEN

夏日送清凉 工会在身边

薄涤纶袋,用来买菜

易清洗,易干

密封盒

用来买酱鸭等熟食

含10%左右的淀粉,较易腐烂

湿垃圾 HOUSEHOLD FOOD WASTE

干垃圾 RESIDUAL WASTE

可回收物 RECYCLABLE WASTE

居民垃圾 HAZARDOUS WASTE

2019年7月1日
上海正式实施垃圾分类

居民每天投放的干垃圾,比其他三种垃圾的总量还多数倍,其中塑料垃圾占了很大的比重,也是最难降解者之一。

肮脏而有害的生活环境,让他们对这河流充满了怨恨。也许很快,这些河道就会像动画片《千与千寻》里的琥珀川一样,被填埋,被从人们的记忆中彻底抹去。不曾记得它们美好的人们,也自然感受不到失去的痛楚。我又一次看到了大自然老师悲伤的眼睛。

　　一时间,我的心里五味杂陈。从小到大,我丢弃过的垃圾如果累积起来,一准可以装满几十辆大卡车,后来,它们都去了哪儿?那些难以被大自然降解的塑料和泡沫,是否也早已流入了滋养我生命的江河?惭愧之余,我上起了"自修课",努力想搞清楚塑料垃圾的最终去向。

　　单是来自 2018 年《中国青年报》的一组数据,就令我感到无比震惊。在全球,每年仅一次性塑料制品的生产量就高达 1.2 亿吨,其中仅有 10% 被回收利用,

河道里
塑满了垃圾，
塑料袋,泡沫盒，
动物尸体,触目惊心!

死猪,
直接扔进河里。

2013年1月12日
多云. 10℃. 上海松江
徐厍村野保巡视.

超过 70% 的塑料被丢弃到土壤、空气和海洋中。漂浮在海洋中的塑料垃圾，在夺去无数海洋生命的同时，形成大量的塑料微粒，通过海产品、海盐等途径进入人体，对人类造成巨大的健康危害。焚烧是另一种常用的处理方法，全球每年约有 12% 的一次性塑料制品通过这种方式被处理。在这个过程中，如果工艺不达标，塑料中的高致癌物质"二噁英"和其他有害烟尘和气体就会被释放到大气中。而就算是最先进的焚烧装置，烧剩的有害灰渣依旧需要进行填埋处理，这时，污染物就又被转移到土壤中，最终间接进入到动植物和人类的身体中。

看来，是时候和塑料垃圾"宣战"了！于是，我家步入了"限塑"时代。

垃圾分类的困惑

通过"限塑"，我们努力把自己从"污染环境、遗患后人"的悬崖边拉了回来，心里感到了些许欣慰。不过有时，一个个"可怕"的念头还是会从脑子里冒出来：费了这么大劲儿，分好类的垃圾不会被拉去又混到了一起吧？堆成山的干垃圾，不会像以前一样，被悄悄丢进郊区的河塘里吧？焚烧炉里的塑料垃圾，这

2019年7月4日，
阴、23℃～28℃
上海市杨浦区
兰花村

我们把塑料袋
每次用完洗了再用，
这样垃圾会少一些。

婆婆记录的是我们晾晒在阳台上的塑料袋，这些袋子清洗后，可多次使用

会儿，不会排出一团团"毒气"，被我们吸进肺里了吧？

虽说在垃圾分类的知识方面，我显得比婆婆"博学"一些，但其实和多数人一样，我也是个"门外汉"。为了进一步提升自己的"专业素养"，搞清楚我们丢弃垃圾的真正去向，除了"自修"，我和永林还跑去询问垃圾站的志愿者。结果忙乎了半天，到头来还是一头雾水，我们不确定自己付出的努力是否真的起到了作用。真希望垃圾处理的"透明化"程度能够再高一些，让大家因正确分类了一个牛奶盒、成功节约了一只塑料袋，而真正感受到绿色星光的闪烁。

"实际上，垃圾分类用的袋子，不也是垃圾吗？"婆婆不经意的一句话，又戳到了我的痛处。

过去，为了提高塑料袋的使用率，从菜场拿回来的袋子，我们会套在垃圾桶上装垃圾，后来才知道，其实这种袋子很不环保，因为厚度大，在自然界中，它们极难降解。现在，我们将它们替换成了超薄垃圾袋。这种专用垃圾袋里添加有10%左右的淀粉，可加快降解过程。不过，即使是工艺改进了，垃圾袋的主要成分依旧是塑料。我们是如此渴望，世界上能早一点儿生产和推广真正可降解的塑料替代品，或是运用先进技术，让塑料垃圾真正能够做到"来有影，去无踪"。这样，大家的生活就又可以回归便捷，也不需要有人像我一样，为了保护环境，非得自学厨艺，成为点心制作大师了。

下面是我家出台的"限塑令"：

○ 家里已有的结实塑料袋，清洗后重复使用。它们适合用来临时装运物品，但不适合储存食物。

○ 采用安全食品密封盒储存食物，减少保鲜袋、保鲜膜的使用。

○ 尽最大可能不点外卖食品；超市能采购到的商品，尽量不网购；尽量购买纸盒包装的牛奶或其他物品。

○ 出门前，预备好购物袋。在现有塑料袋未报废前，不带新塑料袋回家。

○ 制作环保日历，绿色代表成功和奖励，红色代表失败和批评。

你家步入"限塑"时代了吗？可以用自然笔记把你家的"限塑"行动记录下来。相信，到时大自然老师一定会欣慰地微笑了！

结识校园里的新朋友

暑假放假前，孩子们被走廊上新展出的一组板报吸引住了。

"校园土壤从哪儿来？难道不是本来就有的？"站在后排的孩子，踮着脚，伸长了脖子，也想尽快知道答案。

"哦，原来是这样！真是没想到！"读完了板报内容，孩子们对脚底下这片土地，感到很不可思议。

两个多月前，和这些孩子一样，板报的小作者们也经历了同样的情感体验。只不过，那时，他们可没有现成答案，而是通过亲手调查和实验，最终得出了"意想不到"的结果。

"请大家在土壤里找找，把你们发现的奇怪的东西都拿过来。"4月的一天，听我布置完任务，浦东新区第二中心小学张江校区"农社"的孩子们忙碌起来，猫着腰，瞪大了眼睛，像侦探一样，在校园农田里仔细搜寻。

校园土壤从哪儿来？
2019年4月12日. 晴. 10℃～19℃.
上海浦东第二中心小学张江校区

青青菜园是孩子们亲近自然的好场所！

孩子们在农田里找到的"奇怪"物品

← 1.5cm →

环棱螺壳(残)

2cm

环棱螺壳(全)

← 7mm →
河蚬壳

4cm
← 2.6cm →
瓷砖残片

← 2.7cm →
蜗牛壳

← 5cm →
破布头

玻璃碎片

推测
1. 螺壳、贝壳来自河滨，校园土壤可能是从河里运来的。
2. 瓷砖、布片、玻璃来自建筑垃圾，校园以前可能是个建筑垃圾堆。

采访 指挥伯
学校所在地原来是一条河滨，周围是农田和房屋。后来，拆了房，填了河，把地弄平，建起了学校。

总结
校园土壤来自于河滨泥、农田土以及建筑垃圾。

这是今年"农社"长周期探索课程的第一课。几年前，校园成立了"农社"小社团，张丽萍老师的农学课，融自然、劳技为一体，吸引了许多二至五年级的同学参加。泡桐花开的季节，应张老师的邀请，我来到校园，为小社员们带来了一个新课程——"听，大地在说话"。张老师和我一起，带着20个大地的孩子，用心聆听校园土壤讲述自己的故事。

"老师，这个可以吗？"小社员们舒展开的手心里，"奇怪"的东西琳琅满目：小贝壳、螺蛳壳、蜗牛壳、瓷砖片、破布头、玻璃碴。

"还记得土壤妈妈刚才说什么来着？"带大家坐到农田边的香樟树下，我问道。

"记得。土壤妈妈说，她年纪大了，忘记自己从哪儿来。让我们帮忙寻找答案。"一个小社员抢着答道。

"没错！现在，就请大家根据找来的东西，大胆推测一下，这些东西为什么会跑到校园里来？它们是否可以说明校园土壤的来历？"我眨眨眼，故作神秘的样子。

"蜗牛壳是蜗牛带到校园里来的吧？"扎小辫子的女孩不太自信地低语道，手里拈起一只蜗牛壳和一只螺蛳壳。

张老师抿着嘴笑了起来，果然不出我们所料，孩子们把螺蛳壳当成了蜗牛壳。"瞧，芮老师从河浜里捞出来这个东西，它的壳和你们手里拿的是不是一样的？"说着，张老师帮我从背包里取出一个密封袋，里面装着几只活体淡水螺。

"哇！是螺蛳壳啊！"孩子们将手心里的小螺壳翻来覆去地端详着。

"这个才是真正的蜗牛壳。"我将蜗牛壳举得高高的，让坐在稍远一点儿的小社员也能看到。"蜗牛属于典型的土壤动物，所以，蜗牛壳可算不上我们要找的'奇怪'的东西。"

"那水里的螺蛳壳怎么跑到这儿来了？"鬼精灵的小男孩抓抓头皮，仿佛在自言自语，"难道学校的土壤是从河里挖出来的？"细长的眼睛里闪着光亮。

"这个假设太棒了！大家再猜猜看，瓷砖、布片和玻璃，又是从哪儿来的？"张老师和我继续鼓励着大家。

孩子们喊喊喳喳，各种天马行空的假设从他们的脑袋瓜里迸发出来。有的假

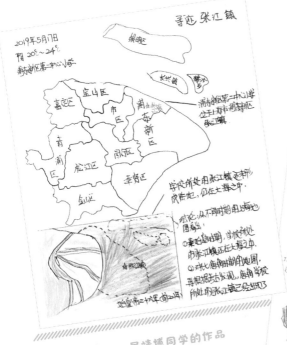

寻访张江镇

2019年5月7日
阴 20℃～24℃
浦东新区第二中心小学

浦东新区第二中心小学位于上海市浦东新区张江镇

屈靖博同学的作品

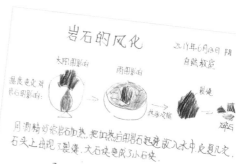

岩石的风化　2019年6月13日 阴
自然教室

自然风化力

屈靖博同学的作品

2019年5月24日 晴 20℃～33℃　浦东新区第二中心小学

  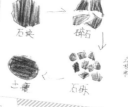 

↑
海洋滩涂淤泥
像橡皮泥，光滑
细腻

↑
学校土壤 干燥
里硬，颗粒状，
含有植物根须

↑
200ml 蒸馏水
放进滩涂淤泥
冒了细小的气泡

↑
200ml 蒸馏水
放进 学校土壤
冒出很多大的气泡

区别：土壤里有小颗粒，有气孔；淤泥光滑，没有气孔。

溶液颜色对比：

溶液里有
植物根须

淤泥"咖啡"颜色深　土壤"咖啡"颜色浅

疑问：从海洋滩涂淤泥到校园土壤，为什么两千多年来它变光滑了？
颗粒变大了？

我推测：应该是枯枝落下来，烂掉后形成土壤的一部分，小花和小草枯死后，
根残留在里面土壤有空气，冒出的气泡就大、多。

刘心玥、周贝妮、许可欣同学的作品

校园土壤
从哪儿来？

不想让大自然老师哭泣　259

设太有趣了，连头顶的香樟树听了，都抖动着满身的树叶，"笑"了起来。

"我听到有同学猜测，学校以前大概是个垃圾堆。如果让我来猜的话，我很同意这个看法。说不定咱们学校以前还真是个堆满建筑垃圾的地方。"我笑着说。"张老师，请您把今天咱们要采访的知情人——张伯伯请过来吧！"

张伯伯是学校门卫，也是校园农田管理员。作为地道的本乡人，他对脚下这片土地的历史非常熟悉。

"咳咳，"张伯伯第一次给大家讲课，颇有点儿紧张，"这个，咱们学校啊，以前呢，是一条河浜。旁边的话，都是农田，还有农民住的房子。后来啊，这里要盖学校，就把房子拆了。"

"拆完房子的建筑垃圾去哪儿了呢？"我问。

"这个，填了河了。把地弄平，就在上面盖了学校。"张伯伯讲完，长长地舒了口气。

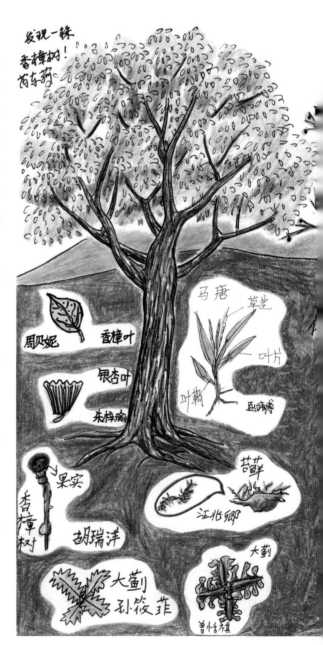

土壤妈妈和她的孩子们
记录者："农社"师生全体成员

初结的无
患子树
张雨薇

蜗牛壳
李子妍

许可欣
0.3cm
蚂蚁的三对足
是长在胸部的。

酢浆草
周乐乐

丁欢
宝盖草

香樟树枝叶
蚂蚁
无患子叶
文心玥

邹明月
马菁沁

香樟苗
赫浩

苦荬菜
张梓琳

狗牙根
唐棠

鸡阳
银杏叶

4cm
蚯蚓
尾
头 11环

西瓜虫防御状态
西瓜虫俯视
眼睛
口器
尾
0.7cm
姜道霖

现在，孩子们总算弄清楚了那些"奇怪"东西的来历：贝壳、螺壳原本就在这里，因为以前脚下就是一条河浜；瓷砖片、破布头、玻璃碴则是从旁边搬运过来的，它们是原住居民留下的"遗迹"。

这下，农社的小社员们可以向校园土壤妈妈汇报了：您的来源挺复杂啊！既有河浜里的泥，又有农田里的土，还包括人类的建筑垃圾。

按理说，土壤妈妈寻回了记忆，这下该满意了，可是，我们却听见她说："辛苦你们啦，帮我恢复了一小段的记忆。不过，我的历史长着呢！几千年前、数万年前，或更早的时候，我到底长得什么模样？请你们再帮我回忆一下吧！"

于是，大家又忙碌起来。查资料，做实验，两个多月过去，校园土壤妈妈的历史面貌逐渐呈现出来，她的不平凡经历着实让大家惊讶不已。

两千多年前，也就是秦始皇率领军队在中原地区策马扬鞭的时候，学校在地图上压根儿找不到，因为那会儿，上海浦东还是一片汪洋大海！土壤妈妈躺在咸咸的海水下，那时，她的名字叫作"淤泥"。

然而这位"淤泥"女士，却并非"土生土长"的浦东居民，而是一位古老而遥远的"异乡人"。数百万年前，长江之水开启了远征，浩浩荡荡注入东海。它一路奔流，携带着沿途的泥沙汇入大海。"淤泥"的前身，正是那些在水流中翻滚嬉戏的黄泥沙。瞧，在校园土壤妈妈的"基因"里，居然融合了沿途6000多千米大地上的"血脉"。

再往前，终于见到了土壤妈妈的前身。在变作黄泥沙以前，长江两岸巍峨的巨石，正是她年轻时的模样。巨石端坐于风雨之中，在大自然的风化作用下，碎裂、瓦解，终究化作了泥沙。

读完我们的自然笔记，健忘的土壤妈妈终于恢复了记忆，想起了她的前世今生。小社员们也很开心，一路走来，他们不但了解了脚下大地沧海桑田的历史，还和土壤妈妈交上了朋友。为了和更多的小伙伴们分享自己的收获，小社员们制作了板报，现在，校园土壤妈妈有了越来越多的新朋友。

接下来，"农社"的小社员们还会继续聆听土壤妈妈讲故事，认识许多生活在她怀抱中的小生物。当然喽，土壤妈妈也有敌人，人类喷洒的奇怪"药水"，常常害得她肚子疼。等我们完成了新的自然笔记，再和更多的同学分享这些有趣的故事。

瞧，即使就在校园里，小伙伴们也同样可以边玩边学，和住在这里的大自然交朋友。因为曾经一起嬉戏过，一起欢笑过，所以即便将来长大了，大自然也依旧是他们心中永远的好朋友。如果越来越多的人，从小就让大自然真正住进了心田里，那么我相信，将来，人类对大自然老师的伤害也会越来越少。在未来的某一处，大自然老师正张开双臂，微笑着，准备迎接她的朋友们！

现在，你是不是也羡慕起了"农社"的小伙伴们？其实，这样的课程，在许多地区的中小学校都正在开展。就拿上海来说，下面这些趣味课程，同样采用了自然笔记作为探索和记录的形式，同学们由此结交了校园里形形色色的新朋友：

○ 上海顾村中心小学的"自然触碰角"，周斌老师带领孩子们结识校园里"不请自来"的小生物。

○ 上海市佳信学校的"指尖上的校园"，张新娟老师引导孩子们爱上校园里有趣的动植物新朋友。

○ 崇明前哨小学的"小东滩自然笔记"，在田凤晴老师的带领下，孩子们课间捉螃蟹，课上做观察，萌萌的湿地小生物在校园里圈得了一大批"小粉丝"。

而在你的校园里，也一定有类似的自然笔记课程，等开学了，就赶紧报名参加吧！

我和故乡患了失忆症

因为没有文字、图画和影像的记录，在岁月的冲刷下，故乡就像一张浸了水的老照片，一幅褪了色的旧年画，开始在我的脑海中变得模糊起来，也许有一天，她终将消失在记忆的深处。甚至连故乡的那片土地，似乎也忘记了曾经拥有过的富饶和正在经历着的苦难，沉睡在煤尘与瓦砾之下，默默地，不发出一丝声响……

我的故乡坐落在青藏高原连绵起伏的横断山脉上，四川省攀枝花市，是人们给她起的名字。

打一出生，大自然老师就陪伴在我身边，山花野草、飞禽走兽，曾经，环绕我四周的生命天地就跟缀满繁星的夜空一样，广袤，深邃，丰富。

模糊的记忆里，至今存留着一只"可怕"的野兽。当时，大约五六岁的我，跟着姐姐和哥哥在果园里采葡萄，忽然，一个大家伙从栅栏里钻进来，一跳就跳到了我面前。我惊呆了，姐姐和哥哥也吓得一动不动，连举着摘葡萄的手都忘记了放下来。大家伙瞪了我们一眼，又一跳跳进草丛里，消失得无影无踪。现在，我常和姐姐争论，我说，那是一只豹，很大很大；姐姐说，那是一只大山猫，不比家猫大多少。可惜姐姐和哥哥当时都没做任何记录，如今，我们只好听凭这只神秘野兽在模糊的记忆中越走越远。

成年后的睡梦中，我时常梦见山里那种好玩的野草，草叶如手指般狭长，叶子的背面长满毛刺，就像抹了黏胶，往衣服上一贴，便牢牢地粘住了。每次走在山路上，我都用叶子在胸前贴出各种各样的图案，在小女孩爱臭美的年纪，这可是一件由自己设计的花衣裳！可是，我始终不知道它的名字，就像山里的许多动植物一样，在我真正认识它们之前，它们就已经离我远去了。同样因为没有为它

因为没有任何的记录，故乡在我的脑海里渐渐远去，只留下一个无比巨大的空洞

做任何记录，我已经记不清它的模样，捧着厚厚的植物图鉴，却无从查起。

　　我也曾做过一些自然观察和记录，厨房里的那窝金腰燕，几时来、几时去，雏燕几时破了壳、几时出了窝，我都仔仔细细记录在一个本子上，可是后来这个本子也遗失了，遗失在满是瓦砾的废墟之中。从此我不再知道燕子几时来、几时去，雏燕几时破了壳、几时出了窝，在何处飞翔，又在何处栖息，只有它们"咕噜噜——咚——呖"的叫声还在耳边回响，因为爸爸说："东——莉，东——莉，燕子在喊你呢！"可是我知道，燕子不会再喊我了，因为我的家没有了，它们的

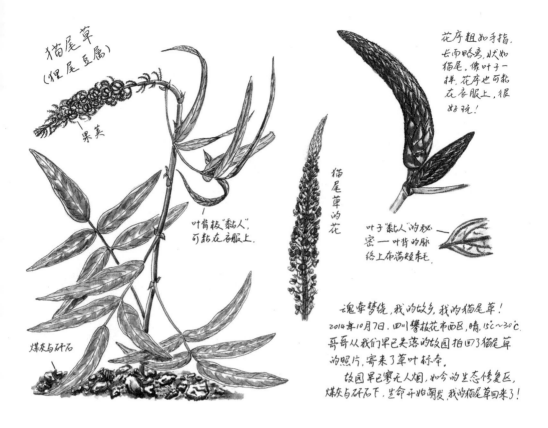

魂牵梦绕，我的故乡，我的猫尾草！
2014年10月7日，四川攀枝花市西区，晴，15℃～30℃。
哥哥从我们早已失落的故园拍回了猫尾草的照片，寄来了草叶标本。
　故园早已寥无人烟，如今的生态修复区，煤灰与矿石下，生命开始勃发，我的猫尾草回来了！

为了了却我的心愿，多年后，哥哥回到家乡，专门去了一趟我们儿时玩耍的山坳。哥哥说，别难过，家没了，但山还在。如今，矿石和瓦砾下，我们曾经的玩伴又回来了。瞧，你梦中的野草不是又长出来了吗？哥哥拍了照片给我，美丽的猫尾草，依旧守护着我们曾经同有的家园

家也没有了，从此我们不再相见。

　　曾经用绿色肩头扛着我们的大山，它是有生命的，就像我们有头发、有皮肤、有血脉和心脏一样，它也是有生命的啊！

　　可就在一夜之间，大山死了，黑色的煤尘覆盖了山上的每一寸肌肤；大树死了，在煤尘的覆盖下，几乎每一片叶子都停止了呼吸；动物们走了，除了山路上运煤的货车发出"哐唧唧"的巨响之外，山里的夜死一般沉寂。后来，我的家也

没了，被人类掏空的大山再也不能把我高高举在肩头，一声巨响过后，我的家轰然倒下，永远消失在瓦砾与灰尘之中。

带着恨与泪，人们离开了，过去不曾为保卫家园而抗争的人们，现在和将来也未必会为它奔走呼告，伤痛和远去的记忆一样，变得越来越淡，越来越模糊。

可能不会再有人记得，故园殒殁前，那些没有资质、没有环境影响评价的黑煤窑是怎样滋生出来，吞没了山野。每天傍晚，钢铁厂是怎样将喷着火光的钢渣

长约25cm,听带回昆明时已部分枯萎,向上卷起,但们可嗅到淡淡的清香.

长约21cm,部分枯萎,大部分呈微绿色,叶片质地较硬.

长约19cm,叶片呈嫩绿色.

家乡(攀枝花)的杧果树叶,舅舅于2012年1月29日带回昆明,这杧果树是外公亲手种下的,一直生长在我们家的园子里.家人已经搬迁十多年了,再回去看时楼房,园子已经被煤堆所替代,但还有这棵杧果树一直活到现在,而且据说每年都会结杧果.我不知道这树是否也有灵性,它的主人离开了它,它依然以顽强的生命力屹立于这乱石之中,昭示着它的生生不息,为人默默守护这久远的家园.

感谢芮吉祥同学，她的自然笔记让我又回到了故乡的杧果树下。这棵杧果树是我小时候"种"出来的，我往花盆里吐了一枚果核，就神奇地发了芽，后来，爸爸把它移栽到了果园里。这棵杧果树的果实甘甜可口，却也威力巨大，永林吃后，皮肤过了敏，长出又大又红的荨麻疹

倾泻于金沙江面，让母亲河坠入火的炼狱，发出响彻云霄的刺耳哀鸣。

人们也早已忘记，露天开建的煤焦厂和炼铅作坊，一到夜晚，便喷吐出青灰色的烟雾，山峦和灯火在烟霾中变得狰狞恐怖，仿佛魔鬼将降临人间，又如死神要带走生命。

大概已经没人记得，在这片土地上，曾经有过许多美好的年轻人，在被罪恶吞噬以前，他们曾拥有着健康和纯真的模样。人心的败坏跟环境的破坏常常是连在一起的，但那时，我还不明白这些。吸毒、抢劫、施暴，仿佛一夜之间，青年们化作了"恶魔"，就连原本安谧的山间小路，也被他们种下太多的噩梦。妈妈剪去我一头的长发，中学六年，我没扎过一次辫子，没穿过一次裙子，爸妈每日晚课接送，才让我免去许多同学所遭遇的不幸。

这一切，甚至连我也几乎忘记了，我和我的故乡患上了失忆症！没有记录，没有任何的图文、影像资料，生死迁变，都像是一个个虚无缥缈的梦。藏在人们心中的痛越变越轻，轻得仿佛一阵微风便能将它们吹散。忘记了美好与伤痛的人，便失去了抗争的力量，甚至就连迁往一个新的家园，也不一定懂得珍惜脚下的土地。

去年，哥哥重返故园，拾得化石寄来给我。煤矸石上的古老生物，就像一个巨大的讽刺，戳痛着我的心窝。这些远古植物，葬身于第四次生物大灭绝的火山喷发，2亿年后，它们变成煤炭被人类从地下唤醒。然而，同时被唤醒的，还有人类无边的贪欲。在我的故园，这贪欲挟裹着铺天盖地的煤尘，就像魔鬼被召唤来到了人间，开启了一个新的灭绝时代。我不知道地球上还有多少个这样殒殁的家园，如果人类继续选择遗忘，迎接我们的将是由自己一手酿造的第六次生物大灭绝，到那时，人类自己也在劫难逃！

今天，我不再准备遗忘。即使不擅长摄影和拍照，我也可以用自然笔记来记录脚下大地的变迁；即使不是生物学家，我也可以用图画和文字如实记录身边美丽的生灵。记录的目的不是将历史存入档案，而是警醒人们善待自然，善待人类共有的家园。

今天，我也不再孤立地看待被人们所遗忘的件件往事。世界上，没有什么是

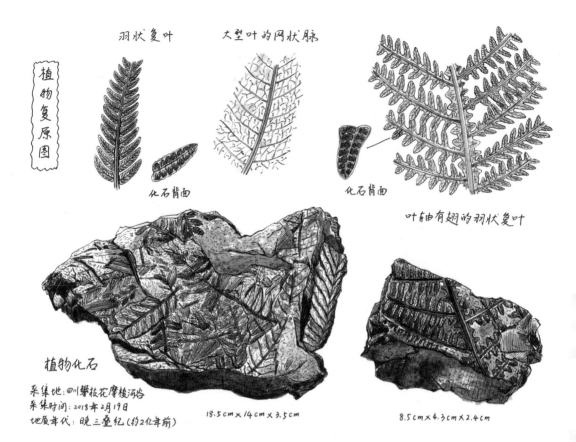

羽状复叶　　大型叶的网状脉

植物复原图

化石背面　　　化石背面

叶轴有翅的羽状复叶

植物化石

采集地：四川攀枝花摩梭河谷
采集时间：2018年2月19日
地质年代：晚三叠纪（约2亿年前）

18.5cm×14cm×3.5cm

8.5cm×4.3cm×2.4cm

孤立的。那座故园、那个矿区，是一个交织着无数网络的微型宇宙。当青少年开始普遍出现问题，反观他们的社会环境和生态环境，也必定令人触目惊心。生态环境破坏的背后，一定隐藏着深刻的社会根源。所以，呵护和建设自然生态环境，绝不是一件单独的事情，而需要跟呵护和建设政治、经济、社会、人文环境以及每个人的心灵生态同时进行。

　　也许，一切还不算太晚。即使尚不具备影响社会的力量，我们也应当启程。去记录脚下的大地、万物的兴亡，不再让自己和家园失去记忆；去呵护、建设自己及家人的心灵世界，不随波逐流，不因世俗的评价而迷失前进的方向。我始终坚信，即使是一点微光，也有点亮夜空、召唤人心的力量。

四川攀枝花摩梭河谷种子蕨化石

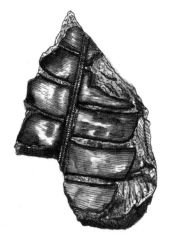

10.8cm×6.5cm×1.2cm

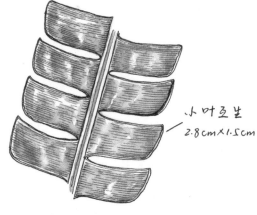

小叶互生
2.8cm×1.5cm

（复原图）

最宽处4cm
化石为数众多，
形似巢蕨

（复原图）

7.6cm×5.2cm×0.9cm

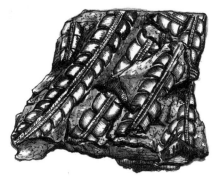

6.9cm×5.5cm×1.6cm

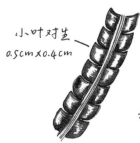

小叶对生
0.5cm×0.4cm

（复原图）

标本采集信息

采集时间: 2018.2.19.
采集人: 芮焰明
地质年代: 晚三叠纪

在这本小书即将结束的时候，我想和你一起来总结一下自然笔记的意义：

○ 对于记录者来说，它像一处港湾，让人们的心灵得以回归静谧与安宁；它又像一扇打开感观世界的大门，通过它，我们得以窥探到一个全新的生命世界；它还像一个记忆存储器，通过浏览过往记录，我们可以随时回忆起与自然生灵相处的每个瞬间；它还是一个赐予能力的"法宝"，在我们写写画画的过程中，赋予和提升我们观察、写作、绘画、艺术创作，以及独立思考的能力。

○ 对于阅读者来说，它像一扇走进我们心灵世界的窗户。通过阅读我们的作品，亲人、朋友以及陌生人，得以与我们一起分享快乐和忧伤，了解我们内心深处的渴望和期盼。

○ 对于社会和未来而言，它像一部珍贵的历史档案，留存下我们脚下大地和周边环境最为真实的样貌；它还像一本科考手记，提供给研究者最难得的第一手调查资料；它更像一份宣言，宣告我们对大自然的需求和热爱，召唤更多的心灵追随我们亲近和保护自然的步伐。

后记

有人问我："你是学生物的吗？"我说："不是。""你专门学过美术绘画吗？"我说："没有。""那你怎么想到去做自然笔记的呢？"这个问题有点儿复杂，我想应该和下面两个原因有关：

第一，我对大自然的热爱，以及儿时描小人书时培养起来的胡抹乱画的习惯。老妈常回忆我的"光辉历史"，说我有一次照着《故事会》上的插图画了一条很大的蛇，十分逼真，把她的同事都看傻了眼。对于这一"光辉事迹"，我早没了印象，不过小小年纪偏偏爱画蛇这种自然界中的神奇之物，也算是重口味吧！

第二，我与《笔记大自然》这本书的奇妙邂逅。那是一个再平淡不过的傍晚，一家再普通不过的折扣书店。然而就在这样一个毫无传奇色彩的时空之中，我邂逅了它。当时，那本《笔记大自然》和许多图书一起零乱地躺在地上，然而就在翻开它的一刹那，我忽然明白，我在心里已经等它很久了。一直以来，我都想跟人分享自然界的各种故事，可是我不懂摄影，也不是科普作家，我总也找不到一个合适的途径去告诉更多的人——大自然如此美丽，又如此脆弱。直到《笔记大自然》告诉我，原来还可以用图画和文字相结合的方式去记录自然，并且跟他人分享大自然的故事，我才终于找到了最适合自己的方法——做"自然笔记"。尽管我的图画非常稚嫩，文字也并不优美，但就是这样，我开启了一段奇妙的自然笔记之旅。

带着自然笔记去"旅行"是一件快乐的事。一路上，我遇见了许许多多热爱大自然的朋友，他们渊博的学识和对大自然负责任的态度，让我十分钦佩和仰慕，也让我学到了很多东西。除了书中提到的一些朋友，还要感谢那些曾经访问过我博客的热心网友们，以及自然公益学堂、上海市野生动植物保护管理站（现上海市野生动植物保护事务中心）、上海绿洲生态保护交流中心、上海市科技艺术教育中心、上海野鸟会、上海植物园、上海动物园、自然导赏员培训班的老师们，他们不仅在专业知识方面给了我很大帮助，而且，我的自然笔记之旅也一路上得到了他们的热心支持和鼓励。对了，要是我的自然笔记里有什么知识性差错的话，均由我本人负责，毕竟我还只是个大自然学堂低年级的学员，我期盼着和大家一同进步！

带着自然笔记去"旅行"也是一件幸福的事。一路上，我感受到家人和朋友满满的爱。在我和婆婆开始这段旅程之前，虽然我们也相处融洽，彼此感到亲近，但那时我还没有更多地走进婆婆的心灵世界。现在，一切都不同了，我从婆婆的自然笔记里读懂了她，我为婆婆的勇敢和执着而感到骄傲，为她对儿女无私的爱而深深感动，也为她的每一篇自然笔记而感到惊喜。还有我的爱人永林，一路上有他相伴，即使在思想的迷雾之中，我也总能寻找到自己要去的方向。感谢芮吉祥、郁文艳、郝乐之、吴靖远，还有"农社"小学员们对大自然充满爱意的作品，正因为有了它们，这本书才拥有了更多鲜活的生命和丰富的色彩。

带着自然笔记去"旅行"还是一件让人生变得充实的事。一路上，我与越来越多的朋友分享着大自然的故事，交流着各自不同的情感体验，我看到越来越多的人蹲下身来，开始用一种全新的眼光触摸周围的世界。感谢每次参加活动的孩子们，他们用最质朴的图画和文字记录了那些看似微小的生命形式，有了孩子们这些可爱的作品，我更加觉得自己的工作充满了意义。

这本书从第一版面世到现在的全新增订版，前前后后得到了出版界诸多老师的厚爱与支持。非常感谢北京步印文化传播有限公司的郑利强、于惠平老师，他们是国内出版行业本土"自然笔记"最早的伯乐。因为在儿童与青少年教育方面的远见卓识，七八年前，他们就已经开始关注国内自然教育的新动向，我的《自然笔记》第一版也由此得以编辑出版。本次的全新增订版，得到了中南博集天卷小博集诸位老师的大力支持，感谢李炜、张亚丽老师的精心策划，张迎春老师优秀的编校工作，以及潘雪琴老师的用心设计。没有他们的辛勤工作，就不会有呈现在大家面前的这本制作精美的图书。

然而，最最要感谢的是自然界的万物生灵，是它们用生命演绎了或精彩或悲伤的故事，如果说这本书有什么地方吸引了你，那一定是它们用生命的火花迸发出了耀眼的光彩。大自然正在演绎着更多的故事，而我也将追随她的脚步，不断开启新的旅程……

芮东莉

2020 年初春

图书在版编目（CIP）数据

自然笔记：开启奇妙的自然探索之旅：全新增订版 /
芮东莉著、绘 . -- 长沙：湖南科学技术出版社，2020.9（2024.1 重印）
ISBN 978-7-5710-0595-5

Ⅰ.①自… Ⅱ.①芮… Ⅲ.①自然科学—普及读物
Ⅳ.① N49

中国版本图书馆 CIP 数据核字（2020）第 097622 号

上架建议：随笔·自然科普

ZIRAN BIJI: KAIQI QIMIAO DE ZIRAN TANSUO ZHI LÜ: QUANXIN ZENGDING BAN

自然笔记：开启奇妙的自然探索之旅：全新增订版

著　　绘：芮东莉
出 版 人：张旭东
责任编辑：林澧波
监　　制：小博集
策划编辑：张亚丽
文案编辑：张迎春
营销编辑：付　佳　余孟玲
装帧设计：潘雪琴
出　　版：湖南科学技术出版社
　　　　　（湖南省长沙市湘雅路 276 号　邮编：410008）
网　　址：www.hnstp.com
印　　刷：北京市雅迪彩色印刷有限公司
经　　销：新华书店
开　　本：700 mm×980 mm　1/16
字　　数：258 千字
印　　张：18
版　　次：2020 年 9 月第 1 版
印　　次：2024 年 1 月第 3 次印刷
书　　号：ISBN 978-7-5710-0595-5
定　　价：68.00 元

若有质量问题，请致电质量监督电话：010-59096394
团购电话：010-59320018